JIAKONG XIANLU SHIGONG YU YANSHOU JISHU

架空线路施工与验收技术

潘阳春　编著

中国电力出版社
CHINA ELECTRIC POWER PRESS

内 容 提 要

本书依照 110～550kV 架空送电线路施工程序，划分为概述、原材料及器材的检验、测量、土石方工程、基础工程、杆塔工程、架线工程、接地工程及工程验收与移交 9 个部分，内容简捷易掌握，具有较强的针对性、实用性和适用性。

本书可供从事送电线路工程的监理、施工及质量监督等人员培训使用，对设计人员也有一定的参考价值。

图书在版编目（CIP）数据

架空线路施工与验收技术/潘阳春编著. —北京：中国电力出版社，2016.1（2020.8重印）

ISBN 978-7-5123-8321-0

Ⅰ.①架… Ⅱ.①潘… Ⅲ.①架空线路-工程施工②架空线路-工程验收 Ⅳ.①TM726.3

中国版本图书馆 CIP 数据核字（2015）第 229560 号

中国电力出版社出版、发行

（北京市东城区北京站西街 19 号　100005　http://www.cepp.sgcc.com.cn）

三河市百盛印装有限公司印刷

各地新华书店经售

*

2016 年 1 月第一版　2020 年 8 月北京第二次印刷

787 毫米×1092 毫米　16 开本　12 印张　172 千字

印数 3001—4500 册　定价 55.00 元

前言

为了提高监理队伍的素质和监督管理水平，改进监督管理手段和方法，增强监理工作的规范性、科学性和准确性。坚持科学发展观，树立工程建设为生产服务的观点；坚持以规范施工过程的质量控制，确保工程设计年限的观点；坚持"礼禁未然之前，法施已然之后"，严格执行国家、国网现行的规程规范（特别是强制性条文）的观点；坚持以人为本，提高监理人员素质，争当"警察"而不当"判官"，及时发现和解决施工过程中质量问题的苗头的观点，特编写本书。

本书融入了线路专业的相关基础知识、原材料及器材的特性、结构特点和施工工艺流程、方法，以及多年的实践经验等，可作为设计、施工和质量监督人员等的参考资料。

本书在编写过程中，得到潘婷、吴伟、林敏、林建燊、潘明、林海鸿、王玉清、王恺、林金龙、吴俊凡和杨震等的大力支持和帮助，在此一并表示衷心的感谢。

由于编者水平有限，书中难免有不当之处，恳请广大读者、同行及专家批评指正。

编　者

目录

概　　述

（1）1990 版规范提出"为不断提高 110kV～500kV 架空电力线路工程施工技术水平，确保工程质量，以促进电力建设的现代化发展，制定本规范"，而 2005 版明确"为确保架空送电线路工程建设质量、规范施工过程的质量控制要求和验收条件，制定本规范"。新规范中的"验收"是指建设、监理及运行各方对工程质量确认的行为。这里强调了"规范施工过程的质量控制要求"，即必须事前控制才能顺利地达到确保工程质量的目的。

（2）国务院第 279 号令第 28 条规定："施工单位必须按照工程设计图纸和施工技术标准施工，不得擅自修改工程设计，不得偷工减料"。规范中把"架空送电线路工程必须按照批准的设计文件和经有关方面会审的设计施工图施工。当需要变更设计时，应经设计单位同意"更加明确地列为"强制性条文"。

（3）一般新型装置的采用是由设计确定，但"新技术、新材料、新工艺必须经过试验、测试及试点验证，判定符合本规范要求时方可采用"。所以 1990 版规范中"并应制定不低于本规范相应水平的质量标准"不是很合理。

（4）根据《中华人民共和国计量法》及 ISO 9000 系列质量管理体系的基本要求，2005 版规范新增"架空送电线路工程测量及检查用的仪器、仪表、量具等必须经过检定，并在有效使用期内"，并将此条列为强制性条文。

② 原材料及器材的检验

架空送电线路使用的材料、器材除基础用水泥、砂、石为原材料，其他均为工厂生产的成品或半成品器材，品种不多，但数量多。以往由于器材或原材料的问题而影响工程质量，造成返工的事例甚多。因此对原材料、器材的要求必须严格，有些产品如铁塔、混凝土制品还应在未出厂前在制造厂进行检验，以防器材运到现场再发现问题，造成更大损失。国务院第 279 号令第 37 条规定："未经监理工程师签字，建筑材料、建筑构配件和设备不得在工程上使用或者安装，施工单位不得进行下一道工序的施工"。

2.1 对原材料和器材的一般要求

(1) 原材料及器材必须符合下列规定：

1) 有产品出厂质量检验合格证书（强制性条文）。

2) 有符合国家现行标准的各项质量检验资料。

3) 对砂石等无质量检验资料的原材料，应抽样并经有检验资格的单位检验合格后方可采用（强制性条文）。

4) 对产品检验结果有异议时，应重新抽样，并经有资格的检验单位检验合格后方可采用。

(2) 当采用新型原材料及器材时，必须经试验并通过有关部门的技术鉴定，证明能满足设计和规范要求，方准使用。

(3) 原材料及器材有下列情况之一时，必须重做试验：

1) 保管期限超过规定者。

2) 因保管不良有变质可能者。

3) 未按标准规定取样或试件不具代表性者。

2.2 原材料的质量控制

2.2.1 水泥

水泥是一种水硬性胶凝材料，能在水中硬化产生强度。水泥是基础工种中的主要材料。水泥的种类很多，常用的水泥有 GB 175—2007《通用硅酸盐水泥》中的硅酸盐水泥、普通硅酸盐水泥、火山灰硅酸盐水泥、矿渣硅酸盐水泥和粉煤灰硅酸盐水泥五种。此外还有快硬硅酸盐水泥、塑化硅酸盐水泥、矾土水泥、抗硫酸水泥、膨胀水泥等。送电线路工程的基础一般属于普通混凝土基础，因此要求水泥应符合 GB 175—2007《通用硅酸盐水泥》的规定。

1. 常用水泥的物理和化学性能

（1）比重和容重。硅酸盐水泥的比重为 3.0～3.15，一般采用值为 3.1，松散容重为 900～1300kg/m³，紧密时可达 1600kg/m³，常用容重为 1300kg/m³。

（2）细度。细度是指水泥颗粒的粗细程度。同样成分的水泥，颗粒越细，与水接触面的表面积就越大，水化作用就越快越充分，因而凝结硬化也越迅速，早期强度也越高。相关标准规定：硅酸盐水泥比表面积大于 300m²/kg，其在 0.08mm 方孔筛上的筛余量不得超过 10%。由于细度与水泥的一些性质如凝结时间、收缩性、强度增长和水泥浆塑性等都有很大关系，所以它是检验水泥品质的一项主要指标。

（3）标准稠度用水量。为了测定水泥的各种性质并有可比性，水泥的加水量应有一个标准，这个标准用规定的稠度——标准稠度来控制。水泥净浆达到标准稠度时所需要的拌和水量（以占水泥质量的百分率表示）为标准稠度用水量。标准稠度用水量是作为测定水泥凝结时间和安定性所用净浆的拌和水量的依据。

（4）凝结时间。凝结时间是指水泥和水拌至失去塑性的时间。由加水拌和到水泥净浆开始失去塑性的时间称为初凝时间。由加水拌和到水泥浆完全失去塑性并开始产生强度的时间称为终凝时间。水泥的初凝时间不宜过早，以便施工时有足够的时间来完成混凝土或砂浆的搅拌、运输、浇捣等操作。水泥的终凝时间不宜过迟，以便使混凝土能尽快地硬化，达到一定的强度，利于下道工序的进行。国家标准规定：初凝时间不早于 45min，硅酸盐水泥终凝不迟于 6.5h。普通矿渣、火山灰、粉煤灰等水泥终凝不迟于 12h。

（5）安定性。安定性是指标准稠度的水泥净浆在凝结硬化过程中体积变化是否均匀的性质。安定性不良的原因，一般是由于熟料中所含游离氧化钙或游离氧化镁或掺入石膏量过多造成的。由于它们的熟化迟缓，造成在已硬化的水泥石中继续熟化，因体积膨胀使水泥产生裂缝、变形、疏松甚至破坏等体积变化不均匀现象。安定性用沸煮法检验必须合格，安定性不合格的水泥不能用于工程中。

（6）强度。水泥的强度是水泥主要质量指标之一，也是确定水泥强度的依据。它是以标准条件下养护一定龄期后的水泥胶砂试件抵抗外力破坏能力的大小来表示的。测定水泥强度的方法按标准规定，采用"软练法"确定，是将水泥与标准砂按水灰比为 1∶2.5 的比例混合，加入规定数量的水制成 4cm×4cm×16cm 的试件，在标准条件下进行养护，测其 3、7、28 天龄期的强度（抗压强度、抗折强度）。

各强度等级水泥的各龄期强度汇总见表 2-1。

表 2-1　　　　　　　　　　各强度等级水泥的各龄期强度汇总

品种	强度等级	抗压强度（MPa）		抗折强度（MPa）	
		3 天	28 天	3 天	28 天
硅酸盐水泥	42.5	17.0	42.5	3.5	6.5
	42.5R	22.0	42.5	4.0	6.5
	52.5	23.0	52.5	4.0	7.0
	52.5R	27.0	52.5	5.0	7.0
	62.5	28.0	62.5	5.0	8.0
	62.5R	32.0	62.5	5.5	8.0
普通硅酸盐水泥	32.5	11.0	32.5	2.5	5.5
	32.5R	16.0	32.5	3.5	5.5
	42.5	16.0	42.5	3.5	6.5
	42.5R	21.0	42.5	4.0	6.5
	52.5	22.0	52.5	4.0	7.0
	52.5R	26.0	52.5	5.0	7.0
矿渣、火山灰、粉煤灰水泥	32.5	10.0	32.5	2.5	5.5
	32.5R	15.0	32.5	3.5	5.5
	42.5	15.0	42.5	3.5	6.5
	42.5R	19.0	42.5	4.0	6.5
	52.5	21.0	52.5	4.0	7.0
	52.5R	23.0	52.5	4.5	7.0

注　强度等级有"R"字样为早强型水泥。

（7）水化热。水泥与水接触发生水化反应时会发热，这种热称为水化热。它以 1g 水泥发出的热量 J 来表示。水泥的水化热大部分在水化初期（7 天内）放出，以后逐渐减少。其量的大小和发热速度因水泥种类、矿物组成、水灰比、细度和养护条件等的不同而不同。水泥的水化热对于大体积混凝土工程是不利的，因为水化热积聚在内部不易散发，致使内外产生很大的温度差，引起内应力，使混凝土产生裂缝。因此对大体积混凝土工程应采用低热水泥。

（8）烧失量。Ⅰ型硅酸盐水泥中烧失量不得大于 3%，Ⅱ型硅酸盐水泥中烧失量不得大于 3.5%，普通水泥中烧失量不得大于 5%。

（9）不溶物。Ⅰ型硅酸盐水泥中不溶物不得超过 0.75%，Ⅱ型硅酸盐水泥中不溶物不得超过 1.5%。

（10）氧化镁。水泥中的氧化镁含量不宜超过 5%，如果水泥经安定性试验合格，则水泥中氧化镁的含量允许放宽到 6%。

（11）三氧化硫。硅酸盐水泥、普通水泥、火山灰水泥、复合水泥中三氧化硫含量不得超过 3.5%，矿渣水泥中三氧化硫含量不得超过 4%。

五大水泥主要特性见表 2-2。

表 2-2 　　　　　　　　　　**五大水泥主要特性**

品种	硅酸盐水泥	普通硅酸盐水泥	矿渣水泥	火山灰水泥	粉煤灰水泥
国标	GB 175—2007				
组成	不掺混合材料	以硅酸盐水泥熟料为主，允许加 15% 以下混合材料	在硅酸盐水泥熟料中掺 20%～40% 的矿渣	在硅酸盐水泥熟料中加 20%～50% 的火山灰质混合材料	在硅酸盐水泥熟料中加 20%～40% 粉煤灰
比重	3.0～3.16	3.0～3.15	2.9～3.1	2.8～3.0	2.8～3.0
容重（kg/m³）	1000～1600	1000～1600	1000～1200	1000～1200	1000～1200
水泥强度等级	42.5, 42.5R, 52.5, 52.5R, 62.5, 62.5R	32.5, 32.5R, 42.5, 42.5R, 52.5, 52.5R			
细度（m²/kg）	比表面积大于 300	0.08mm 孔筛余不得超过 10%			
凝结时间	初凝不早于 45min，终凝不迟于 6.5h	初凝不早于 45min，终凝不迟于 10h			
安定性	用煮沸法检验必须合格				
浇失量	Ⅰ型不得大于 3%，Ⅱ型不得大于 3.5%	不得大于 5%			
不溶物	Ⅰ型不得大于 0.75%，Ⅱ型不得大于 1.5%				
氧化镁	水泥中氧化镁的含量不宜超过 5%，如果水泥经压蒸安定性试验合格，则水泥中氧化镁含量允许放宽到 6%。				
三氧化镁	不得超过 3.5%				
主要特性	1. 快硬早强； 2. 水化热高； 3. 耐冻性好； 4. 耐腐性较差； 5. 耐热性较差	1. 早强； 2. 水化热较高； 3. 耐冻性较好； 4. 耐腐蚀性较差； 5. 耐热性较差	1. 早强低，后期强度增长较快； 2. 水化热较低； 3. 耐热性较好； 4. 抗硫酸盐类侵蚀和抗水性较好； 5. 抗冻性较差； 6. 干缩性较大	1. 抗渗性较好； 2. 耐热性较差； 3. 其他和矿渣水泥相同	1. 干缩性较小； 2. 抗碳化能力较差； 3. 其他和矿渣水泥相同

2. 废品与不合格品

（1）凡氧化镁、三氧化硫、初凝时间、安定性中任一项不符合表 2-2 中有关规定的，均为废品。

（2）硅酸盐水泥和普通硅酸盐水泥中凡细度、初凝时间、不溶物和烧失量中的任一项不符合上述规定或掺合材料加量超过最大限量和强度低于商品强度等级的指标时为不合格品。

（3）水泥包装标志中水泥品种、强度等级、生产者名称和出厂编号不全的也属于不合格品。

（4）矿渣水泥、火山灰水泥、粉煤灰水泥中凡细度、终凝时间中任一项不符合上述规定或混合材料掺加量超过最大限量和强度低于商品强度等级的指标时为不合格品。

要求水泥进场每一验收批必须检验安定性、凝结时间及强度。

3. 水泥储运及使用注意事项

水泥有散装和袋装（每袋 50kg）两种，因水泥具有很强的吸水性和吸湿性，受潮后由于水化作用即凝结成块，而失去使用价值。因此必须重视各个储运环节。运输时，除应严密注意防水、防潮外，袋装水泥应轻拿轻放，以防破损。进仓库时应有质量证明材料（文件），应按品种、批号、出厂日期、生产厂等分别堆放；堆放袋装水泥的地面应垫板，要求垫板离地 30cm，周围离墙 30cm，堆放高度不宜超过 10 包。如露天堆放应有防潮垫板，上有雨篷布。

水泥的储存期超过 3 个月，强度约降低 10%～20%，时间越长强度损失越大。因而，水泥的储存期不宜过长，尽量做到先来的先用，储存期超过 3 个月的水泥应重新检验并按检验所定的强度使用。

水泥强度降低与储存时间的关系见表 2-3。

表 2-3　　　　　　　　　　水泥强度降低与储存时间的关系

储存时间	水泥强度降低（%）		
	良好条件（密封库）	一般条件	不良条件
3 个月	10	20	30
6 个月	20	30	40
12 个月	30	40	50

工程中常用的水泥，各有不同的矿物成分，具有不同的化学物理性能，因此在施工中不得将不同品种的水泥混合使用。

2.2.2 砂

粒径介于 0.15～5mm 的细骨料称为砂，混凝土使用的砂应符合 JGJ 52—2006《普通混凝土用砂、石质量及检验方法标准》的有关规定，每批砂均应经质量检验。

自然条件作用而形成的粒径在 5mm 以下的岩石颗粒称为天然砂，混凝土基础工程用砂主要是天然河砂，如果河砂供货困难或运距很远时，在经监理及设计代表同意的前提下可以使用人工砂（即细石渣）。

1. 砂的分类

砂的分类见表 2-4。

表 2-4　　　　　　　　　　　　　　　砂 的 分 类

分类法	名称	说　　　明
按来源分	人造砂	陶砂、细石渣
	天然砂	河砂、山砂、海砂
按细度模数分	粗砂	细度模数 3.7～3.1；平均粒径不小于 0.5mm
	中砂	细度模数 3.0～2.3；平均粒径为 0.35～0.5mm
	细砂	细度模数 2.2～1.6；平均粒径为 0.25～0.35mm
	特细砂	细度模数 1.5～0.7；平均粒径小于 0.25mm

注 细度模数为砂通过 0.15、0.3、0.6、1.6、2.5mm 等筛孔的全部筛余量之和除以 100。细度模数越大，表示砂子越粗，普通混凝土用砂的粒径应不小于 0.25mm，以使用中粗砂较好。细砂虽可使用，但比在同条件下用粗砂配制的混凝土强度低 10% 以上。

2. 砂的质量要求

（1）砂的容重为 1400～1600kg/m³；砂的密度为 2.5～2.75g/cm³；砂的空隙率为 38%～48%。

（2）混凝土用砂应颗粒清洁，其含泥量（即粒径小于 0.08mm 的尘屑、淤泥和黏土的总含量）及泥块含量应符合表 2-5 的限值。

表 2-5　　　　　　　　　　　砂的含泥量及泥块含量允许指标

混凝土强度等级	≥C30	<C30	≤C10
含泥量（按质量计,%）	≤3.0	≤5.0	可放宽
泥块含量（按质量计,%）	≤1.0	≤2.0	可放宽

（3）混凝土用砂应坚固。砂的坚固性用硫酸钠溶液检验，试样经 5 次循环后其重量损失应符合表 2-6 的规定指标。

表 2-6 砂 的 坚 固 性 指 标

混凝土所处的环境条件	循环后的质量损失（%）
在严寒及寒冷地区室外使用并经常处于潮湿或干湿交替状态下的混凝土	≤8
其他条件下使用的混凝土	≤10

注　对于有抗疲劳、耐磨、抗冲击要求的混凝土用砂或有腐蚀介质作用或经常处于水位变化区的地下结构混凝土用砂，其坚固性重量损失率应小于 8%。

（4）砂的颗粒级配，按 0.63mm 筛孔的累计筛余量（以质量百分率计）分成三个级配区，砂的颗粒级配应处于表 2-7 的任何一个区以内。

表 2-7 砂 的 颗 粒 级 配 范 围

累计筛区（%） 级配区 筛孔尺寸（mm）	Ⅰ区	Ⅱ区	Ⅲ区
10.0	0	0	0
5.0	10～0	10～0	10～0
2.5	35～5	25～0	15～0
1.25	65～35	50～10	25～0
0.63	85～71	70～41	40～16
0.315	95～80	92～70	85～55
0.16	100～90	100～90	100～90

注　1. 砂的实际颗粒级配与表 2-7 所列的累计筛余百分率相比，除 5.0mm 和 0.63mm 外，允许稍有超出分界线，但其总量百分率不应大于 5%。
　　2. 配制混凝土时宜优先选用Ⅱ区砂。当采用Ⅰ区砂时，应提高砂率，并保持足够的水泥用量，以满足混凝土的和易性；当采用Ⅲ区砂时，宜适当降低砂率，以保证混凝土强度。
　　3. 对于泵送混凝土用砂，宜选用中砂。
　　4. 当砂颗粒级配不符合上述要求时，应采取相应措施。经试验证明能确保工程质量，方允许使用。

（5）砂中有害物质应符合表 2-8 所示的限值。

表 2-8 砂 中 有 害 物 质 限 值

项　　目	质量指标
云母含量（按质量计，%）	≤2.0
轻物质含量（按质量计，%）	≤1.0
硫化物及硫酸盐含量 （折算成 SO_3，按重量计，%）	≤1.0
有机物含量（用比色法试验）	颜色不应深于标准色。如深于标准色，则应按水泥胶砂强度试验方法，进行强度对比试验，抗压强度比不低于 0.95

注　1. 有抗冻、抗渗要求的混凝土，砂中云母含量不应大于 1%。
　　2. 砂中如发现含有颗粒状的硫酸盐或硫化物质时，则要进行专门检验，确认能满足混凝土耐久性要求时，方能采用。

（6）海砂因含有氯盐，对基础中的钢筋、地脚螺栓有腐蚀作用，故电力线路工程不宜采用。2005 年版规范明确规定"预制混凝土构件及现场浇筑混凝土基础不得使用海砂",特殊情况采用海砂配制混凝土时,其氯离子含量应符合下列规定:对素混凝土海砂中氯离子含量不予限制;对钢筋混凝土,海砂中氯离子含量不应大于0.06%(以砂重的百分率计);对预应力混凝土不宜用海砂,若必须使用海砂时,则应经淡水冲洗,其氯离子含量不得大于0.02%。

(7)砂每验收批至少应进行颗粒级配、含泥量和含泥块量检验。对重要工程混凝土使用的砂应采用化学法和砂浆长度法进行集料的碱活性检验,经检验判断为有潜在危害时,应采取下列措施:

1)使用含碱量小于0.6%的水泥或采用能抑制碱-集料反应的掺合料。

2)当使用含钾、钠离子的外加剂时,必须进行专门试验。

(8)人造砂(即人工砂)是利用坚硬的石灰岩或其他未经风化或微风化的坚硬岩石经制砂机加工成类似砂颗粒的碎石粒,其细度模数应在2.6~3.0之间,含粉量应在6%~15%范围内,颗粒级配应在规程给定的某一级配区,试配的混凝土强度等级须符合设计图纸规定。

2.2.3 石子

混凝土用的碎石或卵石应符合JGJ 52—2006《普通混凝土用砂、石质量及检验方法标准》的有关规定。每批石子均应进行质量检验。

碎石为天然坚硬岩石经人工或机械加工破碎、筛分,且粒径大于5mm的岩石颗粒。卵石为天然岩石经自然条件作用形成的大于5mm的颗粒,卵石应选用质地坚硬且比较洁净的河卵石、海卵石或山卵石。

1. 石子的分类

石子的分类见表2-9。

表2-9 石子的分类

分类法	名称	说明
按粒型分	卵石	天然水流冲刷而成
	碎石	人力破碎针片状少 机械破碎针片状多
按石质分	火成岩	深火层岩(花风岩、正长岩) 喷出火层岩(玄武岩、辉绿岩)
	水成岩	石灰岩、砂岩
	变质岩	片麻岩、石英岩
按级配分	连续级配	混凝土工程常用石子级配
	单粒级配	应根据混凝土工程、资源情况进行技术经济分析后采用, 用时应注意避免混凝土离析

2. 石子的技术质量要求

（1）石子容重、空隙率及密度见表 2-10。

表 2-10   石子容重、空隙率及密度

名称	容重（kg/m³）	空隙率（%）	密度（g/cm³）
碎石	1400～1600	40～48	2.65～2.75
卵石	1550～1700	36～44	2.65～2.75

（2）石子的强度。混凝土强度等级为 C60 及以上时应进行岩石抗压强度检验，其他情况如有怀疑或认为有必要时也可进行岩石的抗压强度检验，可制成 5cm×5cm×5cm 立方体或圆柱体试件在水饱和状态下，其极限抗压强度与所采用混凝土强度等级之比不应小于 1.5，且火成岩强度不宜低于 80MPa，变质岩强度不宜低于 60MPa，水成岩不宜低于 30MPa。卵石和碎石的强度用压碎指标值表示。

碎石和卵石的压碎指标应满足表 2-11 的要求。

表 2-11   碎石和卵石的压碎指标

岩石名称		混凝土强度等级	压碎指标值（%）
碎石	水成岩	C55～C40	≤10
		≤C35	≤16
	变质岩或深层的火成岩	C55～C40	≤12
		≤C35	≤20
	火成岩	C55～C40	≤13
		≤C35	≤30
卵石		C55～C40	≤12
		≤C35	≤16

注 水成岩包括石灰岩、砂岩等，变质岩包括麻岩、石英岩等，深成的火成岩包括花岗岩、石长岩、闪长岩和橄榄岩等，喷出的火成岩包括玄武岩和辉绿岩等。

（3）石子的坚固性。碎石和卵石的坚固性用硫酸钠溶液法去检验、试件经 5 次循环后其重量损失应符合表 2-12 的指标。

表 2-12   碎石和卵石的坚固性指标

混凝土所处的环境条件	循环后的重量损失（%）
在严寒及寒冷地区室外使用并经常处于潮湿或干湿交替状态下的混凝土	≤8
在其他条件下使用的混凝土	≤12

注 有腐蚀性介质作用或经常处于水位变化区的地下结构或有抗疲劳、耐磨、抗冲击等要求的混凝土用碎石或卵石，其重量损失应不大于 8%。

（4）碎石或卵石的含杂质或针、片状等含量（按质量计%）应符合表 2-13 的规定。

表 2-13 碎石或卵石的含杂质或针、片状等含量

混凝土强度等级	≥C30	<C30	≤C10
含泥量	≤1.0	≤1.0	≤2.5
含石粉量	≤1.5	≤3.0	
泥块含量	≤0.5	≤0.7	≤1.0
针、片状颗粒含量	≤15	≤25	≤40

注 颗粒的长度大于平均粒径的 2.4 倍者称为针状（平均粒径级上、下限粒径的平均值），厚度小于平均粒径的 0.4 倍称为片状。

（5）碎石或卵石中硫化物和硫酸盐含量以及卵石中有机杂质等有害物质应符合表 2-14 指标。

表 2-14 碎石或卵石中有害物质指标

项目	质量指标
硫化物及硫酸盐含量（折算成 SO_3 按质量计，%）	≤1.0
卵石中有机质含量（用比色法试验）	颜色不深于标准色，如深于标准色，则应配制成混凝土进行强度对比试验，抗压强度比不低于 0.95

注 如发现有颗粒状硫酸盐或硫化物质的碎石或卵石，则要求进行专门检验，确认能满足混凝土耐久性要求时，方可使用。

（6）碎石或卵石的颗粒级配应符合表 2-15 范围。

表 2-15 碎石或卵石的颗粒级配范围

级配情况	公称粒径(mm)	累计筛余（按质量计，%）							
		筛孔尺寸（圆孔筛，mm）							
		2.5	5.0	10.0	16.0	20.0	25.0	31.5	40.0
连续级配	5～10	95～100	80～100	0～15	0	—	—	—	—
	5～16	95～100	90～100	30～60	0～10	0	—	—	—
	5～20	95～100	90～100	40～70	—	0～10	0	—	—
	5～25	95～100	90～100	—	30～70	—	0～5	0	—
	5～31.5	95～100	90～100	70～90	—	15～45	—	0～5	0
	5～40	—	95～100	75～95	—	30～65	—	—	0～5
单粒级配	10～20	—	95～100	85～100	—	0～15	0	—	—
	16～31.5	—	95～100	—	85～100	—	—	0～10	0
	20～40	—	—	95～100	—	80～100	—	—	0～10
	31.5～63	—	—	—	95～100	—	—	45～75	
	40～80	—	—	—	—	95～100	—	75～100	

注 1. 公称粒径的上限为级配的最大粒径。

2. 不宜用单一的单粒级配配制混凝土。

3. 混凝土用的石子其最大颗粒粒径不得超过结构截面最小尺寸的 1/4，且不得超过钢筋间距最小净距的 3/4。

2.2.4 水

（1）水源可分为饮用水、地表水、地下水、海水以及经过适当处理后的工业废水。

（2）水的质量要求。

1）水质必须符合 JGJ-63—2006《混凝土用水标准》，拌和用水所含物质不应对混凝土、钢筋混凝土和预应力混凝土产生影响混凝土的和易性及凝结、有损于混凝土强度的发展、降低混凝土的耐久性、加快钢筋腐蚀及导致预应力钢筋脆断、污染混凝土表面等有害作用。

2）拌制或养护混凝土用水应符合下列规定：

a. 制作预制混凝土构件用水，应使用可饮用的水。

b. 现场浇筑混凝土，宜使用可饮用的水，当无饮用水时，可采用清洁的河溪水或池塘水，除设计有特殊要求外，可只进行水的外观检查，不做化验。水中不得含有油脂，其上游亦无有害化合物流入，有怀疑时应进行化验。

c. 不得使用海水或水质成分接近海水的其他天然水，如沼泽水、泥炭地下水和工厂废水等，因其含有大量的钠、镁、氧化合物，虽然能加速混凝土硬化，增大早期强度，但会降低后期强度，另外海水中大量氯离子对钢筋有腐蚀作用，大大缩短了混凝土结构的寿命。

3）水的 pH 值、不溶物、可溶物、氯化物、硫酸盐及硫化物的含量应符合表2-16 所示的指标。

表 2-16 水的 pH 值、不溶物、可溶物、氯化物、硫酸盐及硫化物的含量指标

项目	预应力混凝土	钢筋混凝土	素混凝土
pH 值	>4	>4	>4
不溶物（mg/L）	<2000	<2000	<5000
可溶物（mg/L）	<2000	<5000	<10000
氯化物（以 Cl^{1-} 计，mg/L）	<5000	<1200	<3500
硫酸盐（以 SO_4^{2-} 计，mg/L）	<600	<2700	<2700
硫化物（以 S^{2-} 计，mg/L）	<100	—	—

注 1. 使用钢丝或经热处理钢筋的预应力混凝土，氯化物含量不得超过350mg/L。
　　2. 有下列情况之一者不得使用：
　　· 盐类总含量超过 500mg/L；
　　· 硫酸盐含量超过 2700mg/L 或硫酸盐含量按 SO_3 计算超过水重的 1%；
　　· 氢离子指标（或称酸碱度）pH<4。
　　3. 采集的水样应具有代表性，并应按规定方法进行取样。水质分析用水样不得小于5L；测定水泥凝结时间用水样不得小于1L；测定砂浆强度用水样不得小于2L；测定混凝土强度用水样不得小于15L。

2.2.5 混凝土外加剂及混凝土砂浆掺合料粉煤灰

（1）混凝土外加剂是在拌制混凝土过程中掺入用以改善混凝土性能的物质，掺量不大于水泥量的 5%（特殊情况除外）。如用以改善混凝土拌和物流变性能的外加剂有各种减水剂、引气剂和泵送剂等；用以调节混凝土凝结时间、硬化性能的外加剂有缓凝剂、早强剂和速凝剂等；用以改善混凝土耐久性的外加剂有引气剂、防水剂和阻锈剂等；用以改善混凝土其他性能的外加剂有加气剂、膨胀剂、防冻剂、着色剂、防水剂和泵送剂等。外加剂试验质量要求应符合 GB 8076—2008《混凝土外加剂》规定，掺外加剂混凝土性能指标和外加剂匀质性指标见表 2-17 和表 2-18。

表 2-17　　　　　　　　　掺外加剂混凝土性能指标

试验项目		普通减水剂 一等品	普通减水剂 合格品	高效减水剂 一等品	高效减水剂 合格品	早强减水剂 一等品	早强减水剂 合格品	缓凝高效减水剂 一等品	缓凝高效减水剂 合格品	缓凝减水剂 一等品	缓凝减水剂 合格品	引气减水剂 一等品	引气减水剂 合格品	早强剂 一等品	早强剂 合格品	缓凝剂 一等品	缓凝剂 合格品	引气剂 一等品	引气剂 合格品
减水率不小于（%）		8	5	12	10	8	5	12	10	8	5	10	10	—	—	—	—	6	6
泌水率比不大于（%）		95	100	90	95	95	100	100	100	100	100	70	80	100	100	100	110	70	80
含气量（%）		≤3	≤4	≤3	≤4	≤3	≤4	<4.5		<5.5		>3		—				>3	
凝结时间（min）	初凝	−90～+120		−90～+120		−90～+90		>+90		>+90		−90～+120		−90～+90		>+90		−90～+120	
	终凝																		
抗压强度比不小于（%）	1 天	—		140	130	140	130	—		—		—		135	125	—		—	
	3 天	115	110	130	120	130	120	125	120	100	100	115	110	130	120	100	90	95	80
	7 天	115	110	125	115	115	115	125	120	110	110	110	110	—	—	100	90	90	80
	28 天	110	105	120	110	115	100	120	115	110	105	100	95	100	95	100	90	90	80
收缩率比不大于（%）	28 天	135		135		135		135		135		135		135		135		135	
相对耐久性指标不小于（%，200 次）		—		—		—		—		—		80	60	—		—		80	60
对钢筋锈蚀作用		应说明对钢筋有无锈蚀危害																	

注　1. 除含气量外，表 2-17 所列数据为掺外加剂混凝土与基准混凝土的差值或比值。
　　2. 凝结时间指标"−"号表示提前，"+"号表示延缓。
　　3. 相对耐久性指标一栏中"200 次、不小于 80 和 60"表示将 28 龄期的掺外加剂混凝土试件冻融循环 200 次后，动弹性模数保留值不小于 80% 或不小于 60%。
　　4. 对于可以高频振捣排除的由外加剂所引入的气泡的产品，允许用高频振捣达到某类型性能指标要求的外加剂，可按表 2-17 进行命名和分类，但须在产品说明书和包装上注明"用于高频振捣的××剂"。

表 2-18　　　　　　　　　　　掺外加剂的匀质性指标

试验项目	指　标
含固量或含水量	1. 对液体外加剂，应在生产厂所控制值的相对量的 3％内； 2. 对固体外加剂，应在生产厂所控制值的相对量的 5％内
密度	对液体外加剂，应在生产厂所控制值的 ±0.02g/cm³ 之内
氯离子含量	应在生产厂所控制值相对量的 5％之内
水泥净浆流动度	应不小于生产控制值的 95％
细度	0.315mm 筛，筛余应小于 15％
pH 值	应在生产厂控制值 ±1 之内
表面张力	应在生产厂控制值 ±1.5 之内
还原糖	应在生产厂控制值 ±3％
总碱量（$Na_2O + 0.658K_2O$）	应在生产厂控制值相对量的 5％之内
硫酸钠	应在生产厂控制值相对量的 5％之内
泡沫性能	应在生产厂控制值相对量的 5％之内
砂浆减水率	应在生产厂控制值 ±1.5％之内

注　1. 验收批应以生产厂家、产品名称与型号、产品编号相同的产品为一批。每批取样数量不少于
　　　 0.2t 水泥所需用的外加剂量。
　　2. 复检外加剂质量必检项目为含固量或含水量、pH 值、水泥净浆流动度氯离子含量、密度（液
　　　 态外加剂）、细度（粉态外加剂）、还原糖（木钙减水剂）、硫酸盐含量（早强剂）。
　　3. 外加剂的品种及掺量必须根据对混凝土性能的要求、施工及气候条件、混凝土采用的原材料及
　　　 配合比等因素经试验确定。

（2）拌制水泥混凝土和砂浆时，作为掺合料的粉煤灰应满足表 2-19 给出的
要求。

表 2-19　　　　　　　　　　　粉　煤　灰　质　量　标　准

序号	指标	级别		
		Ⅰ	Ⅱ	Ⅲ
1	细度（0.045mm 方孔筛，筛余）不大于（％）	12	20	45
2	需水量比不大于（％）	95	105	115
3	烧失量不大于（％）	5	8	15
4	含水量不大于（％）	1	1	不规定
5	三氧化硫不大于（％）	3	3	3

注　1. 产地、规格相同且同批运达，每 50t 为一批，不足者也为一批。同一供灰单位长期连续供应的
　　　 200t 相同等级的粉煤灰为一批，不足 200t 者也按一批。散装灰的取样应从每批不同部位取 15
　　　 份试样，每份不得少于 1kg；袋装灰应从每批中任抽 10 袋，每袋各取试样不得少于 1kg。
　　2. 复检粉煤灰质量时，每批粉煤灰试样应测定细度和烧失量，对同一供灰单位每月测定一次需水
　　　 量比，每季度测定一次三氧化硫含量。

2.2.6　钢筋

（1）用于混凝土的钢筋分为四个等级。

1) Ⅰ级钢筋用 A3、AJ3、AJ3F 等钢材制成。

2) Ⅱ级钢筋用 16Mn、16SiTi 等低合金钢制成。

3) Ⅲ级钢筋用 25MnSi、25SiTi 等低合金钢制成。

4) Ⅳ级钢筋用 44Mn2Si、45Si2Ti 等低合金钢制成。

线路上常用的钢筋是Ⅰ、Ⅱ级。

（2）用于钢筋混凝土的钢筋的化学成分应符合表 2-20 给出的要求。

表 2-20　　　　　　　　　　　钢 筋 的 化 学 成 分

表面状态	钢筋级别	强度等级代号①	牌号	化学成分（%）②③			
				C（碳）	Si（硅）	Mn（锰）	其他
钢筋混凝土用热轧光圆钢筋（GB 1499.1—2008《钢筋混凝土用钢　第1部分：热轧光圆钢筋》）④⑤							
光圆	Ⅰ	R235	A3	0.14～0.22	0.12～0.30	0.30～0.65	P≤0.045 S≤0.050
钢筋混凝土用热轧带肋钢筋（GB 1499《钢筋混凝土用钢》系列标准）④							
月牙肋	Ⅱ	RL335	20MnSi	0.17～0.25	0.40～0.80	1.20～1.60	—
			20MnNbb	0.17～0.25	≤0.17	1.00～1.50	Nb≤0.05
	Ⅲ	RL400	20MnSiV	0.17～0.25	0.20～0.80	1.20～1.60	V0.4～0.12
			20MnTi	0.17～0.25	0.17～0.37	1.20～1.60	Ti0.02～0.05
			25MnSi	0.20～0.30	0.60～1.00	1.20～1.60	—
等高肋	Ⅳ	RL540	40Si2MnV	0.36～0.46	1.40～1.80	0.70～1.00	V0.80～0.15
			45SiMnV	0.40～0.50	1.10～1.50	1.00～1.40	V0.05～0.12
			45Si2MnTi	0.40～0.48	1.40～1.80	0.80～1.20	Ti0.02～0.08

① 代号意义：R——热轧，RL——热轧带肋、数字表示屈服点最低值（MPa）。

② 钢的磷（P）、硫（S）含量应分别≤0.045%。

③ 钢的铬、镍、铜残余含量分别≤0.3%，其总量应≤0.6%，如经需同意，铜残余含量可≤0.35%。

④ 热轧光圆钢筋的砷残余含量应≤0.08%，用含砷矿冶炼的生铁所炼的钢，其含砷量由供需双方协议规定。

⑤ 在保证热轧光圆、带肋钢筋性能合格条件下，其碳、硅、锰含量的下限不作交货条件。

（3）钢筋应按批进行检查和验收，每批应由同一牌号、同一炉罐号、同一规格、同一交货状态的钢筋组成重量不大于 60t，公称容量不大于 30t 的冶炼炉冶炼的钢坯和连铸坯轧成的钢筋，允许由同一牌号、同一冶炼方法、同一浇注方法的不同炉罐号组成混合批，但每批不应多于 6 个炉罐号。各炉罐号含碳量之差不得大于 0.02%，含锰量之差不得大于 0.15%。

（4）钢筋的力学及工艺性能应符合表 2-21 给出的要求。

表 2-21 钢筋的力学及工艺性能

钢筋级别	强度等级代号	公称直径 (mm)	屈服点 δ_a (MPa, ⩾)	抗拉强度 δ_b (MPa, ⩾)	伸长率 δ (%, ⩾)	冷弯（d 表示弯芯直径、a 表示钢筋公称直径）
钢筋混凝土用热轧光园钢筋（GB 1499.1—2008《钢筋混凝土用钢 第1部分：热轧光圆钢筋》）						
I	R235	8～20	235	370	25	$180°d=a$
钢筋混凝土用热轧带肋钢筋（GB 1499《钢筋混凝土用钢》系列标准）						
II	RL335	8～25	335	510	16	$180°d=3a$
		28～40		490		$180°d=4a$
III	RL400	8～25	400	570	14	$90°d=3a$
		28～40				$90°d=4a$
IV	RL540	10～25	540	835	10	$90°d=5a$
		28～32				$90°d=6a$

注 根据需方要求，IV级钢筋的外形按光圆钢筋交货时，其强度等级代号改为"R540"。

（5）普通碳素钢的涂色标志。1号钢为蓝色；2号钢为黄色；3号钢为红色；4号钢为黑色；5号钢为绿色；6号钢为白＋黑；7号钢为红＋棕；特类钢加涂铝白色一条。

（6）钢材表面不得有折叠、裂纹、刮痕、结疤、麻点、重皮、灰渣、砂眼与分层等缺陷。

2.2.7 地脚螺栓及拉线棒

1. 地脚螺栓及拉线棒

地脚螺栓是埋于铁塔基础中的重要部件；拉线棒是埋于地下与拉线连接的重要部件。二者均承受轴向拉力。拉线棒及地脚螺栓的规格均应符合设计图纸的要求，地脚螺栓的直径不宜小于 M22，拉线棒直径不宜小于 $\phi16$。

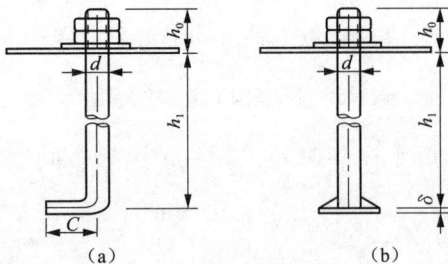

图 2-1 地脚螺栓示意

(a) 弯钩式；(b) 锚固板式

锚入 C15 及以上强度等级混凝土中的地脚螺栓，当其间距 $a<4d$ 时，I 级钢地脚螺栓的锚固长度应不小于 $25d$（光面螺栓直径），下端并应设置锚固措施。

（1）螺栓直径 d 为 16～36mm 时，一般为弯钩式，如图 2-1（a）所示。

（2）螺栓直径大于 36mm 时，一般用锚固板式，如图 2-1（b）所示。

（3）35～500kV 送电线路常用的地脚螺栓规格及质量要求见表 2-22 和表 2-23。

表 2-22   **35～500kV 送电线路常用弯钩式地脚螺栓规格及质量**

地脚螺栓规格	埋入深度（mm）	弯钩长度（mm）	外露长（mm）	螺栓质量（kg）	全套质量（kg）	容许拉力（kN）
M20×882	700	80	102	2.18	2.3	24.2
M22×966	770	90	106	2.88	3.03	30.4
M24×1048	840	100	108	3.72	3.93	34.9
M27×1174	950	110	114	5.29	5.6	46.1
M30×1288	1050	120	116	7.15	7.59	55.9
M36×1536	1260	150	126	12.27	13.0	82.1

表 2-23   **35～500kV 送电线路常用底板式地脚螺栓规格及质量**

地脚螺栓规格	埋入深度（mm）	外露长度（mm）	底板 规格（mm）	底板 质量（kg）	全套质量（kg）	容许拉力（kN）
M42×1644	1470	174	−20×130	3.38	22.46	112.8
M48×1866	1680	186	−20×150	4.52	32.91	148.7
M56×2160	1960	200	−20×170	5.82	50.14	206.0
M64×2450	2240	210	−20×200	8.04	73.43	272.8

注 目前对地脚螺栓下端所采用的锚固型式均为⌇，但不管采用什么型式锚固都必须保证埋入深度和外露长度。

（4）用于拉线盘连接的拉线棒直径一般为 φ16～φ32，其长度有 3.0、3.5、4.0、4.3m 等，根据拉盘埋深及对地角度确定其长度，露出地面长度一般为 600～800mm（亦有 600～1000mm）。

2. 地脚螺栓及拉线棒的质量要求

地脚螺栓及拉线棒应符合下列质量要求：

（1）规格应与设计图纸相符，钢材的材质应符合设计规定且有出厂合格证、试验报告。钢材外观质量与钢筋外观质量同样要求。

（2）拉线棒应经热浸镀锌处理。对于不浇基础保护帽的地脚螺栓外露部分必须做热镀锌处理。

（3）地脚螺栓的弯钩、拉线棒的弯环部分不得有裂纹等缺陷。地脚螺栓及拉线棒的平直部位不应有明显弯曲。

（4）所有焊缝处均应焊接良好，保证焊缝厚度。焊缝处不得有气孔、裂纹、夹渣、咬边等缺陷。

（5）地脚螺栓的丝牙部分应涂黄油及包牛皮纸加以保护，防止运输中碰伤。

（6）地脚螺栓应与螺帽（双帽）、大垫片成套供应。拉线棒应与拉线盘连接件成套供应，以保证连接可靠灵活。

2.2.8 焊接材料

焊接材料应按施工图的要求选用，其性能和质量必须符合国家标准和行业标准的规定，并应具有质量证明与检验报告。如采用其他焊接材料替换时，必须经过设计单位同意，同时应有可靠的试验资料以及相应的工艺文件。

常用钢材焊接所需的焊条、焊丝、焊剂的选配及强度等级，宜按表 2-24 和表 2-25 选用。

表 2-24　　　　　　　　　常用钢材焊接的焊条选配

钢材技术条件			焊条金属要求				备注
钢号	抗拉强度 f_b(MPa)	屈服强度 f_s(MPa)	焊条型号	抗拉强度 f_b(MPa)	屈服强度 f_s(MPa)	延伸率 δ_5(%)	备注
				不小于			
A3F	370～460	≥235	E4301 E4303 E4311 E4312	420	330	18	
A3 12Mn 16NbB	370～460 410 410	≥235 ≥295 ≥295	E4301 E4303 E4311 E4312	420	330	18	
			E4315 E4316	420	330	22	重要结构用
16Mn 16MnCu 14MnNb	470～510 470 470～490	≥345 ≥345 ≥345	E5010 E5011 E5003	490	390	22	
			E5015 E5016	490	390	22	重要结构用
15MnV 15MnTi	530 530	≥300 ≥300	E5503 E5510 E5513 E5515 E5516	540	440	16	

注　1. 国标型号中，E 表示焊条，左起第 1、2 位数表示熔焊金属的最低抗拉强度值，第 3 位数字表示焊接位置，其中 0、1 表示全位置焊接（平、立、仰、横）、2 表示平角焊；第 3、4 位数字组合表示药皮类型和焊接电源。

　　2. 焊条的品种、牌号必须与所焊钢材的机械性能和化学成分一致，不允许高牌号焊条焊接低强度钢材，亦不允许低牌号焊条焊接高强度钢材。

　　3. 焊接材料使用前应进行外观检查，并应符合下列规定：

- 气焊条表面不得有油脂、污秽及腐蚀等。
- 电焊条无药皮脱落，受潮的电焊条必须按焊条说明书规定的温度烘干处理，并再经工艺性能试验鉴定合格后方准使用。
- 气焊用的乙炔应有出厂质量检验合格证明，其质量可采用检查焊缝中硫、磷含量的方法来确定，其硫、磷含量不应高于被焊接金属的含量。乙炔的化学元素对焊接件有直接影响，对硫磷含量应严加控制。
- 气焊用的氧气纯度会影响焊件质量，亦应严加控制，氧气纯度不应低于 98.5%。

表 2-25　　　　　　　　　　　　　　焊丝、焊剂选用

钢号	埋弧焊用焊剂、焊丝	CO_2 气体保护用焊丝	备注
A3	HJ401-H08 HJ401-H08A	H08Mn2Si	
16Mn 16MnCu 14MnNb	HJ402-H08A HJ402-80MnA HJ402-H10Mn2	H08Mn2Si H10Mn2 H10MnSiMo	H08A 仅用于构造焊缝或 满足受力要求时

2.3　器材质量控制要点

2.3.1　铁塔及铁构件

铁塔加工制造、混凝土电杆的铁横担、抱箍及其他铁件加工质量应符合 GB 2694《输电线路铁塔制造技术条件》的规定。塔材一般采用Ⅰ、Ⅱ级钢,如 A3、16Mn 铝硅钢等。

1. 铁构件加工的一般要求

(1) 角钢与钢板之螺栓间距、边距和角钢的基准线及螺栓准线要求见表 2-26 和表 2-27(除特殊情况外)。

表 2-26　　　　　　　　　　　角钢与钢板之螺栓间距、边距

螺栓规格	孔距	孔距		边距		
		单排孔	双排孔	端边 l_1	轧制边 l_2	切角边 l_3
M16	$\phi17.5$	50	80	25	$\geqslant21$	$\geqslant23$
M20	$\phi21.5$	60	100	30	$\geqslant26$	$\geqslant28$
M24	$\phi25.5$	80	120	40	$\geqslant31$	$\geqslant33$

(2) 对原材料的技术要求。

1) 铁塔用的钢材必须具有生产厂的质量保证书,并满足设计要求。如无出厂质量保证书,应按设计图纸要求进行试验鉴定,并符合相应标准。不合格者严禁使用。

表 2-27   角钢的基准线和螺栓准线   （mm）

序号	角钢肢宽 b (mm)	基准线距 a_0 (mm)	螺栓准线距			排列间距 s(mm)	最大可使用孔径 ϕ (mm)
			单排 a_0	双排			
				a_1	a_2		
1	40	20	20				
2	45	24	24				17.5
3	50	28	28				
4	56	32	32				
5	63	36	36				
6	70	40	40				
7	75						
	80						21.5
8	90	50	50				
9	100						
10	110	60	60	45	75	30	
11	125						
12	140	70	70	50	90	40	
13	160	80	80		100		25.5
14	180	90	90	60	120		
15	200	100	100	70	130	60	

  2）用于加工铁塔的钢材，加工前应作外观检查，其表面不得有裂缝、折叠、夹渣、严重锈蚀等现象。

  3）铁塔加工用的电焊条，应符合设计要求，并具有出厂证明书、注明牌号、化学成分、机械性能和规格。如无出厂证明书，应按有关规定经试验合格后，方准使用。

  4）铁塔热镀锌的锌锭或锌块一般应采用 2 号锌，并有出厂证明或化验证明书。

  （3）铁塔加工中的切割、制弯、清根、铲背、坡口、装配和成品矫正等的允许偏差应符合制造技术条件，应注意构件连接的缝隙。

  （4）所有制成品矫正后的允许偏差应符合表 2-28 的规定。

表 2-28　　　　　　　　　成品矫正后的允许偏差　　　　　　　　　　（mm）

序号	偏差名称		允许偏差值	示意图
1	角钢顶端直角 f/b	接头处	1.5/100	
		其他	2.0/100	
2	型钢及钢板平面内挠曲 f/L	$b \leqslant 80$	1.0/750	
		$b \geqslant 90$	1.0/1000	
3	焊接构件平面内挠曲 f/L	节点间挠曲 主材	1.0/750	
		节点间挠曲 腹材	1.0/500	
		整个平面挠曲	1.0/1000	

（5）螺栓、脚钉、垫圈质量参照表 2-29 选取。

表 2-29　　　　　　　　　　螺栓、脚钉、垫圈质量

名称	规格	长度（mm）	无扣长度（mm）	通过厚度（mm）	单位质量（kg）
螺栓	M12	30	6	8～12	0.055
		40	12	11～16	0.064
	M16	35	8	9～13	0.120
		45	13	14～20	0.133
		55	20	21～24	0.147
	M20	40	8	9～24	0.230
		50	14	15～20	0.248
		60	20	21～28	0.269
	M22	50	16	15～20	0.302
		60	22	21～28	0.328
		70	30	29～40	0.353
	M24	50	16	15～20	0.428
		60	22	21～28	0.528
		70	30	29～40	0.491
脚钉	M16	160	110		0.319
	M20	200	120		0.622
	M22	200	120		0.756
垫圈	M12	—2		$d_1 = 12.5$　$d_2 = 25$	0.0055
	M16	—3		$d_1 = 16.5$　$d_2 = 32$	0.0133
	M20	—4		$d_1 = 21.0$　$d_2 = 38$	0.0242
	M22	—4		$d_1 = 23.0$　$d_2 = 42$	0.0299

注　d_1 为孔径、d_2 为外圆直径（mm）。

2. 焊缝外观检查

焊缝外观检查应符合下列要求：

（1）具有平滑的细鳞形表面，无折皱间断和未焊满的陷槽，并与被焊金属平滑连接。

（2）焊接金属应细密，无裂纹、夹渣、浮焊等缺陷。

（3）被焊金属的咬肉深度，当钢材厚度在 10mm 及以下时，不得大于 0.5mm；厚度在 10mm 以上时，不得大于 1mm。

3. 热浸镀锌的锌层质量

热浸镀锌的锌层质量应符合下列要求：

（1）外观检查。镀锌表面应具有实用性光滑，在连接处不允许有毛刺、滴瘤和多余结块，并不得有过酸洗和露铁等缺陷。

（2）镀锌附着量和镀锌层厚度。镀件厚度小于 5mm 时，锌附着量不低于 460g/m²，即锌层厚度应不低于 65μm；镀件厚度大于或等于 5mm 时，锌附着量不应低于 610g/m²，即锌层厚度应不低于 86μm。

（3）均匀性。镀件的锌层应均匀，用硫酸铜熔液浸蚀 4 次不露铁。

（4）附着性。镀件的锌层应与被镀金属结合牢固，经锤击试验，锌层不剥离，不凸起。

（5）铁塔构件的连接螺栓为粗制六角头螺栓、粗牙普通螺纹，不经表面处理，镀锌后的机械性能应满足设计要求。其制造尺寸应符合 GB/T 5780—2000《六角头螺栓 C级》的有关规定。

（6）经热浸镀锌后，螺栓和螺母配合松紧应适度。内螺纹扩大尺寸应根据镀锌厂的镀锌层厚度经试验后确定。内螺纹镀锌后，允许再加工，但应涂防腐油。扩大尺寸后，螺母的机械强度应满足设计要求，粗制六角螺母及粗制垫圈的尺寸应符合 GB/T 41—2000《六角螺母 C级》及 GB/T 95—2002《平垫圈 C级》的有关规定。

（7）形状复杂的构件镀锌时，应采取防止产生镀锌"死区"的措施。

4. 铁塔的检验和包装

（1）新放样的铁塔应在厂内进行试组装，试组装方式一般可采用整体卧式试组装。

（2）经过试组装的塔型再生产时，可只检查样杆、样板，但样杆、样板重新复制时，仍需进行试组装。

（3）铁塔产品出厂应附有质量证明书及材料清单。

（4）铁塔零部件标记钢印，应排列整齐、字迹清晰，钢印深度根据钢材厚度为0.5～1.0mm，制造厂可在钢印附近加盖制造厂厂标或明显符号的印记。

（5）零部件包装应按协议要求（单元包装、单基包装和限重包装等）的规定进行。

2.3.2 薄壁离心钢管混凝土结构钢管铁塔

薄壁离心钢管混凝土构件是介于钢管和离心钢筋混凝土环形截面构件之间的混凝土复合结构，钢管可借助离心混凝土内衬管增强管型的稳定性、提高抗压承载能力、防止钢管内壁锈蚀，混凝土受钢管的套箍作用使混凝土处于双向和三向受压应力状态，提高其抗压强度和抵抗变形的能力，解决了混凝土的裂缝问题，具有结构可焊性和易于组装的特点，可组合成各种型式的塔架结构。

构件外层为壁厚3～5mm的钢管，内层是离心成型的混凝土管，壁厚30～35mm，混凝土强度为C30～C50，构件直径一般为150～500mm，最大可达1000mm。

这种结构的盛行时期是1995年前后，江苏用得较多，特别在城市走廊紧缺的情况下，使用起来很有特色。后因钢管、混凝土不同材料由于温度变化不同步导致钢管和混凝土隔离无法同时共同作用，而逐步被纯钢管杆塔所代替。下面简要介绍检查的内容。

1. 钢管制作技术要点

（1）采用直焊缝焊接钢管时，其纵向焊缝沿圆周方向的间距不得少于500mm，相邻两节管段对接时，纵向焊缝应相互错开，其间距不得少于100mm，所有环向焊缝必须作封底焊（焊透）。

（2）钢管对接（环向焊缝）必须保证焊透，并要求达到与母材等强，对钢管壁厚为6mm及以下的对接环缝必须在管内接缝处增设附加短衬管，短衬管伸进主管内的宽度，每端不宜小于5倍主管的壁厚，其厚度与主管相同。

（3）钢管焊缝金属表面的焊波应均匀，不得有裂缝、夹渣、焊瘤、烧穿、弧坑和针状气孔等缺陷，焊缝咬边深度不得大于0.5mm，累计总长度不得超过钢管总长度的10%，焊缝应达到评级标准Ⅲ级焊缝的要求。

2. 离心成型混凝土

（1）混凝土使用的原材料要求及离心成型工艺的规定应符合GB/T 4623—2006《环形筋混凝土电杆》的标准。

（2）构件经离心成型后，宜静停一天再进行浸水养护，浸水养护的时间不应少于7天，浸水养护前应清除残留在管段外壁及端部的混凝土残渣及污物。

（3）钢管混凝土管段经离心成型后，其内表面混凝土不得有塌落，厚度的允许偏差为＋5～－2mm，构件表面可用热喷涂锌防腐处理。

3．构件的验收

（1）产品应进行外观尺寸检验，管段允许偏差见表2-30。

表 2-30　　　　　　　　　　产品外观尺寸管段允许偏差

序号	项　　目	允许偏差（mm）	
		一般结构	特殊结构
1	端头直径 D 的偏差		
	对焊连接（D 为端头直径）	±1.5D/1000	±D/1000
	法兰联接（D 为各孔中心圆圈直径）	±1.5	±1.0
2	管段弯曲矢高（L 为构件长度）	L/1000 并≤10	L/1500 并≤5
3	管段长度偏差	±5	±2
4	法兰盘端面或管口倾斜	1	0.5
5	椭圆度 1/D	3/1000	1.5/1000

注　特殊结构指设计有特殊要求的，如高塔。

（2）外径用精度为1mm的钢尺测定，长度用钢卷尺测定，弯曲度用拉线和直尺测量。检查端部倾斜用特制角尺测定，测定两端壁厚，每端检测数不少于4点。

2.3.3　环形钢筋混凝土电杆

环形钢筋电杆分环形钢筋混凝土电杆（即普通钢筋混凝土电杆）和环形预应力混凝土电杆两种。环形钢筋混凝土电杆制造质量应符合 GB/T 4623—2006《环形钢筋混凝土电杆》的规定；环形预应力钢筋混凝土电杆制造质量应符合 GB/T 4623—2006《环形钢筋混凝土电杆》的规定。两者除钢筋的制作和使用条件不同（预应力混凝土电杆前边加"Y"字，部分预应力混凝土电杆前加"BY"字）外其他方面基本相似。

1．术语释义一样

（1）裂缝。电杆表面有深入混凝土内部的缝隙。

（2）漏浆。电杆表面水泥浆流失露出砂、石。

（3）露筋。电杆内部的钢筋未被混凝土包裹而外露的缺陷。

（4）塌落。电杆内壁混凝土成块状脱落。

（5）蜂窝。混凝土表面因漏浆或缺少水泥砂浆而形成石子外露的缺陷。

（6）麻面。电杆表面呈密集的微孔。

（7）粘皮。电杆外表面的水泥浆层被粘去，呈现出凹凸不平的结构层。

（8）龟裂。电杆表面呈龟背纹路，无整齐的边缘和明显的深度。

（9）水纹。当水渗入混凝土时，表面有可见微细纹路，水分蒸发后纹路随之消失。

2. 产品分类

预应力混凝土电杆按不同抗裂检验系数允许值，可分为预应力混凝土电杆和部分预应力混凝土电杆；产品按外形分为锥形杆（锥度为 1：75）和等径杆两种，锥形杆又有整根杆和组装杆两种。

3. 外观质量检查内容基本一致（详细规定见表 2-31）

表 2-31　　　　　　　　　　　环形钢筋混凝土电杆外观质量检查内容

序号	项目		优等品	一等品	合格品
1	表面裂缝①		纵横向均不允许	纵横向均不允许	预应力纵横向均不允许，普通电杆纵缝不允许环向裂缝纹宽度不得超过 0.05mm（规范为 0.1mm）
2	合缝漏浆	边模合缝处	深度≤3mm，每处长≤100mm，累计长≤杆长 5%，无搭接漏浆	深度≤5mm，每处长≤200mm，累计长≤杆长 8%，无搭接漏浆	深度不大于保护层厚度，每处长≤300mm，累计长≤杆长 10%，搭接长度≤100mm
		钢板圈（或法兰盘）与杆身结合面	深度≤3mm，环向长≤1/6 周长，纵向长≤20mm	深度≤5mm，环向长≤1/5 周长，纵向长≤30mm	深度不大于保护层厚度，环向长≤1/4 周长，纵向长≤50mm
3	梢端及根端碰伤或漏浆		环向长≤1/6 周长，纵向长≤20mm	环向长≤1/5 周长，纵向长≤30mm	环向长≤1/4 周长，纵向长≤50mm
4	内外表面露筋		不允许	不允许	不允许
5	内表面混凝土塌落		不允许	不允许	不允许
6	蜂窝		不允许	不允许	不允许
7	麻面、粘皮②		总面积≤1%	总面积≤3%	总面积≤5%
8	预留孔周围混凝土损伤		损伤深度≤5mm	损伤深度≤8mm	损伤深度≤10mm
9	钢板圈焊口距离		距离＞10mm	距离＞10mm	距离＞10mm

① 表面裂缝中不计龟裂和水纹。

② 麻面、粘皮的总面积百分数为麻面、粘皮总面积为 1m 长度内外表面积之比。

4. 各部尺寸允许偏差

各部尺寸允许偏差详见表 2-32。

表 2-32　　　　　　　　　　　各 部 尺 寸 允 许 偏 差　　　　　　　　　　（mm）

项目名称			产品等级		
			优等品	一等品	合格品
杆长		整根杆	+20 −40	+20 −40	+20 −40
		组装杆杆段①	±10	±10	±10
壁厚			+6 −2	+8 −2	+10 −2
外径			+4 −2	+4 −2	+4 −2
保护层厚度②			+5 −0	+7 −0	+10 −0
弯曲度		杆梢径≤190	≤L/1000	≤L/800	≤L/800
		杆梢径或直径＞190	≤L/1000	≤L/1000	≤L/1000
端部倾斜		杆底	5	5	5
		钢板圈	3	5	5
		法兰盘	2	3	4
预埋件	预留孔	对杆中心垂直度误差（埋管式）	De③/100	De③/100	De③/100
		纵向两孔间距	±4	±4	±4
		横向误差 固定式	2	2	2
		横向误差 埋管式	3	3	3
		直径误差	+2	+2	+2
	钢板圈	内径 杆外径≤400	±2	±2	±2
		内径 杆外径＞400	±3	±3	±3
	法兰盘	内外径	±2	±2	±2
		螺孔中心距	±0.5	±0.5	±1
		端板厚度 铸造	+1.5 −0.5	+1.5 −0.5	+1.5 −0.5
		端板厚度 焊接	±0.5	±0.5	±0.5
钢板圈及法兰盘与杆段轴线偏差			2	2	2

① 如果取得使用单位同意，组装杆杆段按设计长度生产时，杆长度偏差为制造长度与设计长度的差数。
② 保护层厚度偏差为制造与设计的差数，在承载力检验弯矩检验后进行测量。
③ D_e 系埋管处电杆直径。

5. 标志与出厂证明书基本相同

（1）产品运到现场，必须随车附出厂合格证明书，其内容包括证明书编号、本标准编号、制造厂厂名及商标、产品规格数量及制造年月日、混凝土性能检验结果、组装杆主筋镦头强度检验结果、外观及尺寸偏差检验结果、力学性检验结果、制造厂技术检验部门签章。

（2）标志。标志分为以下两种：

1）永久标志。制造厂厂名和商标标记在电杆表面上，其位置为稍径或直径≥190mm 的电杆，距根端以上 3.5m 处；稍径小于 190mm 的电杆，距根端 3.0m 处。

2）临时标志。包括电杆类型、稍径（或直径）、杆长、标准检验弯矩（或代号）和制造年、月、日，用油漆写在电杆表面上，其位置略低于永久标志。

表示方法如下：

$$\frac{稍径（或直径）\times 杆长 \times 标准检验弯矩（或代号）\times 类型}{制造时间（年．月．日）}商标$$

注：1. 稍径或直径用 mm 表示；杆长用 m 表示；标准检验弯矩用 kN 表示。

2. 类型：普通电杆用"G"表示，预应力混凝土电杆用"y"表示；部分预应力混凝土电杆用"BY"表示。

3. 支点标明在电杆表面上，用"←"符号表示。

例：

$$等径杆\frac{\phi 300 \times 9 \times 45 \times G}{1991.10.2}商标；$$

$$锥形杆\frac{\phi 150 \times 10 \times D \times G}{1991.10.5}商标；$$

$$等径杆\frac{\phi 300 \times 9 \times 45 \times Y}{1991.10.2}商标；$$

$$锥形杆\frac{\phi 150 \times 10 \times C \times BY}{1991.10.5}商标$$

6. 保管及运输要求

（1）保管。保管要求如下：

1）产品堆放场地应平整。

2）产品应根据不同杆长分别采用两支点或三支点堆放。杆长≤12m，采用两支点支承；杆长＞12m，采用三支点支承，电杆支点位置如图 2-2 所示。

3）产品应按规格、类别、等级分别堆放。锥形杆稍径＞270mm 和等径杆直径＞400mm 时，堆放层数不宜超过 4 层。锥形杆稍径≤270mm 和等径直径≤400mm 时，堆放层数不宜超过 6 层。

4）产品堆垛应放在支垫物上，层与层之间用支垫物隔开。每层支承点在同一平面上，各层支垫物位置在同一垂直线上。

（2）运输。运输要求如下：

1）产品起吊与运输时，不分电杆长短均须采用两支点法。装卸、起吊应轻起轻放，严禁抛掷、碰撞。

2）产品在运输过程中的支承要求应按照保管中有关规定。

3）产品装卸过程中，每次吊运数量，稍径＞170mm 的电杆不宜超过 3 根；稍径≤

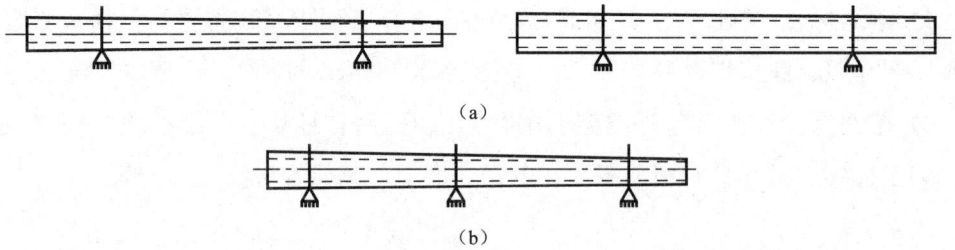

（a）

（b）

图 2-2　电杆支点位置

（a）两支点位置；（b）三支点位置

170mm 的电杆不宜超过 5 根，如果采取有效措施，每次吊运数量可适当增加。

4）产品由高处滚向低处必须采取牵制措施，不得自由滚落。

5）产品支点处套上一软织物（草圈等）或用草绳等捆扎，以防碰伤。

2.3.4　混凝土预制构件

混凝土预制构件可分为预应力钢筋混凝土预制构件和普通钢筋混凝土预制构件。其加工规格和质量应符合设计要求和国家现行标准。

（1）预应力钢筋混凝土和普通钢筋混凝土预制构件的加工尺寸允许偏差应符合表 2-33 所示规定，并保证构件与构件之间，构件与铁件、螺栓之间的安装方便。

表 2-33　　　　　预应力和普通钢筋混凝土预制构件加工尺寸允许偏差　　　　　（mm）

项目		底盘、拉线盘、卡盘	其他装配式预制构件
长度		－10	±10
断面尺寸	宽	－10	±5
	厚		$L/750$
弯曲			
预埋铁件（预留孔）对设计位置的偏差	中心线位移	10	5
	安装孔距	±5	±5
	螺栓露出长度	＋10、－5	＋10、－5

注　1．本表不包括环形混凝土电杆。

　　2．用肉眼不能直接明显看出网状纹、龟纹与水纹不算裂纹。

　　3．底盘、拉线盘、卡盘的中心线位移是拉线盘的 U 形环、接线盘、卡盘的安装孔及底盘圆槽的实际加工位置与图纸位置的偏差。

　　4．L 为对应的构件长度。

（2）外观检查应符合下列规定：

1）预应力钢筋混凝土构件不得有纵向及横向裂缝。

2）普通钢筋混凝土预制构件，放置地平面检查时不得有纵向裂缝，横向裂缝的宽度不得超过 0.05mm。

3）表面应平整，不得有明显的缺陷。

2.3.5 钢管电杆

（1）钢管电杆的质量应符合国家现行标准 DL/T 646—2012《输变电钢管结构制造技术条件》的规定。

（2）所有构件在装配过程中保证制成构件的实际尺寸对设计尺寸的偏差不得超过表 2-34 规定。

表 2-34　　　　　　　　装 配 的 允 许 偏 差　　　　　　　　（mm）

项次	偏差名称		允许偏差值	示意图
1	法兰面对轴线倾斜 $\triangle$	$D<1000$	1.5	
		$1000 \leqslant D \leqslant 2000$	$1.5D/1000$	
		$D>2000$	3.0	
2	连接板位移 e	有孔	1.0	
		无孔	5.0	
3	连接板偏斜 f	有孔	2.0	
		无孔	5.0	
4	对边尺寸 D	棱边宽度 b	± 1.5	
		对接端头	± 2.0	
		插接端头	$\pm D/100$	
		其他处	± 5.0	
5	钢板卷管圆度 D	对接端头	± 2.0	
		插接端头	$\pm D/100$	
		其他处	± 5.0	
6	钢管纵焊缝纵向位移 $\triangle$		5.0	
7	对口错边 $\triangle$		$t/10$ 且 $\leqslant 3.0$	
8	间隙 a		1.0	

续表

项次	偏差名称	允许偏差值	示意图
9	高度 h	±2.0	
10	垂直度 $\triangle$	$b/100$ 且≤2.0	
11	中心偏移 e	±2.0	
12	箱形截面高度 h	±2.0	
13	箱形截面高度 b	±2.0	
14	垂直度 $\triangle$	$b/200$ 且≤3.0	

（3）焊接接头内部缺陷分级应符合 GB/T 11345—2013《焊缝无损检测超声检测技术、检测等级和评定》，焊缝质量等级及缺陷分级应符合表 2-35 的规定。

表 2-35 　　　　　　　　　**焊缝质量等级及缺陷分级** 　　　　　　　　　（mm）

焊缝质量等级		一级	二级	三级
内部缺陷超声波探伤	评定等级	Ⅱ	Ⅲ	—
	检验等级	B 级	B 级	—
	探伤比例	100%	20%	—
外观缺陷	未焊满（指不足设计要求）	不允许	≤0.2+0.02t 且≤1.0	≤0.2+0.04t 且≤2.0
			每 100mm 焊缝内缺陷总长≤25.0mm	
	根部收缩	不允许	≤0.2+0.02t 且≤1.0	≤0.2+0.04t 且≤2.0
			长度不限	
	咬边	不允许	≤0.05t≤0.5；连续长度≤100.0mm 且焊缝两侧咬边总长≤10%焊缝全长	≤0.1t 且≤1.0，长度不限
	裂纹	不允许		
	弧坑裂纹	不允许		允许存在个别长≤5.0mm 的弧坑裂纹
	电弧擦伤	不允许		允许存在个别电弧擦伤
	飞溅	清除干净		
	接头不良	不允许	缺口深度≤0.05t 且≤0.5mm	缺口深度≤0.1t 且≤1.0mm
			每米焊缝不得超过 1 处	
	焊瘤	不允许		
	表面夹渣	不允许		深≤0.2t；长≤0.5t 且≤20.0mm

焊缝质量等级		一级	二级	三级
外观缺陷	表面气孔	不允许	每50.0mm焊缝内允许直径≤0.4t且≤3.0mm气孔2个；孔距≥6倍孔径	
	角焊缝厚度不足（按设计焊缝厚度计）		≤0.3＋0.05t且≤2.0，每100.0mm焊缝内缺陷总长≤25.0	

注 1. 超声波探伤用于全熔透焊，其探伤比例按每条焊缝长度的百分数计，且≥200mm。
 2. 除注明角焊缝缺陷外，其余均为对接，角接焊缝通用。
 3. 咬边如经磨削修整并平滑过渡，则只按焊缝最小允许厚度值评定。
 4. 局部探伤的焊缝，有不允许的缺陷时，应在该焊缝的延伸部位增加探伤长度，增加的长度不应小于该焊缝长度的10%，且不应＜200mm，当仍有不允许的缺陷时，应对该焊缝100%探伤检查。
 5. 钢管杆焊缝质量分级（设计无特殊要求时）。
   一级焊缝：插接杆外部，插接部位纵向焊接长度加100mm。
   二级焊缝：管的环向对接焊缝及钢板的对接焊缝。
   三级焊缝：管的纵向对接焊缝及不属于一、二级的其他焊缝。
 6. 钢管的纵向焊缝的焊缝有效厚度不＜母材厚度的60%。

（4）构件成品应满足施工图纸要求，其允许偏差值应符合表2-36的规定。

表 2-36　　　　　　　　　　**成品构件的偏差表**　　　　　　　（mm）

序号	偏差名称	允许偏差值	示意图
1	构件直线度 f	$L/1000$	
	杆件长度 L	$+2L/1000$ 0	
2	杆体插接长度 L	0 $-L/10$	
3	横担、支架对主材中心线垂直度 Δ	$L/150$	
4	横担支架在同一平面内偏差 Δ	$5L/1000$ 且≤10.0	
5	横担座中心偏移 Δ	5.0	
6	同节横担之间距离 h	$+10.0$	

注 法兰盘连接的局部间隙≤3.0mm。

2.3.6 架空线材

1. 导线（铝绞线及钢芯铝绞线）

导线的质量应符合现行国家标准 GB/T 1179—2008《圆线同心绞架空导线》的规定，进口导线的质量应符合该国产品的国家标准且不应低于 IEC 标准。GB/T 1179—2008《圆线同心绞架空导线》等同采用 IEC 61089《圆线同心绞架空线》及修改件 1（1997）。该标准同时替代 GB 1179《铝绞线及钢芯铝绞线》及 GB 9323《铝合金绞线与钢芯铝合金绞线》，其内容包括了架空输电线路用圆线同心绞合的各类架空绞线 11 个种类 29 种型号 707 个推荐规格。对改、扩建工程要遵守"不同金属、不同规格、不同绞制方向的导线严禁在同一耐张段内连接"的技术原则，还在一定程度上需要采用按旧标准生产的导线产品。

（1）铝合金绞线及钢芯铝绞线技术参数（GB/T 1179—2008《圆线同心绞架空导线》）详见表 2-37～表 2-40。

表 2-37 　　　　　　　　　导、地线产品型号与 IEC 代号对照

产品名称	国标型号	IEC 代号
铝绞线	JL	A1
铝合金绞线	JLHA2、JLHA1	A2、A3
钢芯铝绞线	JL/G1A、JL/G1B、JL/G2A、JL/G2B、JL/G3A	A1/S1A、A1/S1B、A1/S2A、A1/S2B、A1/S3A
防腐型钢芯铝绞线	JL/G1AF、JL/G2AF、JL/G3AF	——
钢芯铝合金绞线	JLHA2/G1A、JLHA2/G1B、JLHA2/G3A	A2/S1A、A2/S1B、A2/S3A
钢芯铝合金绞线	JLHA1/G1A、JLHA1/G1B、JLHA1/G3A	A3/S1A、A3/S1B、A3/S3A
铝合金芯铝绞线	JL/LHA2、JL/LHA1	A1/A2、A1/A3
铝包钢芯铝绞线	JL/LB1A	A1/SA1A
铝包钢芯铝合金绞线	JLHA2/LB1A、JLHA1/LB1A	A2/SA1A、AS/SA1A
钢绞线	JG1A、JG1B、JG2A、JG3A	S1A、S1B、S2A、S3A
铝包钢绞线	JLB1A、JLB1B、JLB2	SA1A、SA1B、SA2

表 2-38　JLHA1 铝合金绞线性能（GB/T 1179—2008《圆线同心绞架空导线》）

规格号	面积（mm²）	单线根数 n	直径		单位长度质量（kg/km）	额定抗拉力（kN）	直流电阻20℃（Ω/km）
			单线（mm）	绞线（mm）			
16	18.6	7	1.84	5.52	50.8	6.04	1.7896
25	29.0	7	2.30	6.90	79.5	9.44	1.1453
40	46.5	7	2.91	8.72	127.1	15.10	0.7158
63	73.2	7	3.65	10.90	200.2	23.06	0.4545
100	116.0	19	2.79	14.00	319.3	37.76	0.2877

规格号	面积 （mm²）	单线根数 n	直径		单位长度质量 （kg/km）	额定抗拉力 （kN）	直流电阻20℃ （Ω/km）
			单线 （mm）	绞线 （mm）			
125	145	19	3.12	15.6	399.2	47.20	0.2302
160	186	19	3.53	17.6	511.0	58.56	0.1798
200	232	19	3.95	19.7	638.7	73.20	0.1439
250	290	19	4.41	22.1	798.4	91.50	0.1151
315	366	37	3.55	24.8	1008.4	115.29	0.0916
400	465	37	4.00	28.0	1280.5	146.40	0.0721
450	523	37	4.24	29.7	1440.5	164.70	0.0641
500	581	37	4.27	31.3	1600.6	183.00	0.0577
560	651	61	3.69	33.2	1795.3	204.96	0.0516
630	732	61	3.91	35.2	2019.8	230.58	0.0458
710	825	61	4.15	37.3	2276.2	259.86	0.0407
800	930	61	4.40	39.6	2564.8	292.80	0.0361
900	1046	91	3.83	42.1	2888.3	329.40	0.0321
1000	1162	91	4.03	44.4	3209.3	366.00	0.0289
1120	1301	91	4.27	46.9	3594.4	409.92	0.0258

表 2-39 JLHA2 铝合金绞线性能（GB/T 1179—2008《圆线同心绞架空导线》）

规格号	面积 （mm²）	单线根数 n	直径		单位长度质量 （kg/km）	额定抗拉力 （kN）	直流电阻20℃ （Ω/km）
			单线 （mm）	绞线 （mm）			
16	18.4	7	1.83	5.49	50.4	5.43	1.7896
25	28.8	7	2.29	6.86	78.7	8.49	1.1453
40	46.0	7	2.89	8.68	125.9	13.58	0.7158
63	72.5	7	3.63	10.9	198.3	21.39	0.4545
100	115	19	2.78	13.9	316.3	33.95	0.2877
125	144	19	3.10	15.5	395.4	42.44	0.2302
160	184	19	3.51	17.6	506.1	54.32	0.1798
200	230	19	3.93	19.6	632.7	67.91	0.1439
250	288	19	4.39	22.0	790.8	84.88	0.1151
315	363	37	3.53	24.7	998.9	106.95	0.0916
400	460	37	3.98	27.9	1268.4	135.81	0.0721
450	518	37	4.22	29.6	1426.9	152.79	0.0641
500	575	37	4.45	31.2	1585.5	169.76	0.0577
560	645	61	3.67	33.0	1778.4	190.14	0.0516
630	725	61	3.89	35.0	2000.7	213.90	0.0458
710	817	61	4.13	37.2	2254.8	241.07	0.0407
800	921	61	4.38	39.5	2540.6	271.62	0.0361
900	1036	91	3.81	41.8	2861.1	305.58	0.0321
1000	1151	91	4.01	44.1	3179.0	339.53	0.0289
1125	1289	91	4.25	46.7	3560.5	380.27	0.0258
1250	1439	91	4.49	49.4	3973.7	424.41	0.0231

表2-40　JL/G1A、JL/G1B、JL/G2A、JL/G2B、JL/G3A 钢芯铝绞线性能（JB/T 1179—2008《圆线同心绞架空导线》）

规格	钢比（%）	面积 (mm²)			单线根数		单线直径 (mm)		直径 (mm)		单位长度质量（kg/km）	额定拉力 (kN)					直流电阻20℃（Ω/km）
		铝	钢	总和	铝	钢	铝	钢	钢芯	绞线		JL/G1A	JL/G1B	JL/G2A	JL/G2B	JL/G3A	
16	17	16	2.67	18.7	6	1	1.84	1.84	1.84	5.53	64.6	6.08	5.89	6.45	6.27	6.83	1.7934
25	17	25	4.17	29.2	6	1	2.30	2.30	2.30	6.91	100.9	9.13	8.83	9.71	9.42	10.251	1.1478
40	17	40	6.67	46.7	6	1	2.91	2.91	2.91	8.47	161.5	14.40	13.93	15.33	14.87	16.20	0.7174
63	17	63	10.5	73.5	6	1	3.66	3.66	3.66	11.0	254.5	21.63	20.58	22.37	21.63	24.15	0.4555
100	17	100	16.7	117	6	1	4.61	4.61	4.61	13.8	403.8	34.33	32.67	35.50	34.33	38.33	0.2869
125	6	125	6.94	132	18	1	2.97	2.97	2.97	14.9	397.9	29.17	28.68	30.14	29.65	31.04	0.2304
125	16	125	20.4	145	26	7	2.47	1.92	5.77	15.7	503.9	45.69	44.27	48.54	47.12	51.39	0.2310
160	6	160	8.89	169	18	1	3.66	3.36	3.36	16.8	509.3	36.18	35.29	37.42	36.80	38.67	0.1800
160	16	160	26.1	186	26	7	2.80	2.18	6.53	17.7	644.9	57.69	55.86	61.34	59.51	64.99	0.1805
200	6	200	11.1	211	18	1	3.76	3.76	3.76	18.8	636.7	44.22	43.11	45.00	44.22	46.89	0.1440
200	16	200	32.6	233	26	7	3.13	2.43	7.30	19.8	806.2	70.13	67.85	74.69	72.41	78.93	0.1444
250	10	250	24.6	275	22	7	3.80	2.11	6.34	21.6	880.6	68.72	67.01	72.16	70.44	75.60	0.1154
250	16	250	46.7	291	26	7	3.50	2.72	8.16	22.2	1007.7	87.67	84.82	93.37	90.52	98.66	0.1155
315	7	315	21.8	337	45	7	2.99	1.99	5.97	23.9	1039.6	79.03	77.51	82.08	80.55	85.13	0.0917
315	16	315	51.3	366	26	7	3.93	3.05	9.16	24.9	1269.7	106.83	101.70	114.02	110.43	121.20	0.0917
400	7	400	27.7	428	45	7	3.36	2.24	6.73	26.9	1320.1	98.36	96.42	102.23	100.29	106.10	0.0722
400	13	400	51.9	452	54	7	3.07	3.07	9.21	27.6	1510.3	123.04	117.85	130.30	126.67	137.56	0.0723
450	7	450	31.1	181	45	7	3.57	2.38	7.14	28.5	1485.2	107.47	105.29	111.82	109.64	115.87	0.0642
450	13	450	58.3	508	54	7	3.26	3.76	9.77	29.3	1699.1	138.42	132.58	146.58	142.50	154.75	0.0643
500	7	500	34.6	535	45	7	3.76	2.51	7.52	30.1	1650.2	119.41	116.99	124.25	121.83	128.74	0.0578

续表

规格	钢比(%)	面积 (mm²)			单线根数		单线直径 (mm)		直径 (mm)		单位长度质量 (kg/km)	额定拉力 (kN)					直流电阻20℃ (Ω/km)
		铝	铜	总和	铝	钢	铝	钢	钢芯	绞线		JL/G1A	JL/G1B	JL/G2A	JL/G2B	JL/G3A	
500	13	500	64.8	565	54	7	3.43	3.43	10.3	30.9	1887.9	153.80	147.31	162.87	158.33	171.94	0.0578
560	7	560	38.7	599	45	7	3.98	2.65	7.96	31.8	1848.2	133.74	131.03	139.16	136.45	144.19	0.0516
560	13	560	70.9	631	54	19	3.63	2.18	10.9	32.7	2103.4	172.59	167.63	182.52	177.56	192.45	0.0516
630	7	630	43.6	674	45	7	4.22	2.81	8.44	33.8	2079.2	150.45	147.40	156.55	153.50	162.21	0.0459
630	13	630	79.8	710	54	19	3.85	2.31	11.6	34.7	2366.3	191.77	186.29	202.94	197.36	213.32	0.0459
710	7	710	49.1	759	45	7	4.48	2.99	8.96	35.9	2343.2	169.56	166.12	176.43	172.99	182.81	0.0407
710	13	710	89.9	800	54	19	4.09	2.45	12.3	36.8	2666.8	216.12	209.83	228.71	222.42	240.41	0.0407
800	4	800	34.6	835	72	7	3.76	2.51	7.52	37.6	2480.2	167.41	164.99	172.25	169.83	176.74	0.0361
800	8	800	66.7	867	84	7	3.48	3.48	10.4	38.3	2732.7	205.33	198.67	214.67	210.00	224.00	0.0362
800	13	800	101	901	54	19	4.34	2.61	13.0	39.1	3004.9	243.52	236.43	257.71	250.61	270.88	0.0362
900	4	900	38.9	939	72	7	3.99	2.66	7.98	39.9	2790.2	188.33	185.61	193.78	191.06	198.83	0.0321
900	8	900	75.0	975	84	7	3.69	3.69	11.1	40.6	3074.2	226.50	219.00	231.75	226.50	244.50	0.0322
1000	4	1000	43.2	1043	72	7	4.21	2.80	8.41	42.1	3100.3	209.26	206.23	215.31	212.28	220.93	0.0289
1120	4	1120	47.3	1167	72	19	4.45	1.78	8.90	44.5	3464.9	234.53	231.22	241.15	237.84	247.77	0.0258
1120	8	1120	91.2	1211	84	19	4.12	2.47	12.4	45.3	3811.5	283.17	276.78	295.94	289.55	307.79	0.0258
1250	4	1250	52.8	1303	72	19	4.70	1.88	9.40	47.0	3867.1	261.75	258.06	269.14	265.44	276.53	0.0231
1250	8	1250	102	1352	84	19	4.35	2.61	13.1	47.9	4253.9	316.04	308.91	330.29	332.16	343.52	0.0232

（2）铝绞线及钢芯铝绞其外观质量应符合下列要求：

1）电线为同心式绞合，各相邻层的绞制方向应相反，最外层的绞制方向为右向。

2）同一层的绞制节径必须均匀一致，相邻层的外层节径比应大于内层。节径比是指绞线中任意一根单线形成的一个完整螺旋的轴向长度与螺旋外径之比，节径比应符合表 2-41 的规定。

表 2-41 节 径 比

结构元件	绞层	节径比	
		最小	最大
钢芯	6 根层	13	28
	12 根层	12	24
铝芯	内层	10	17
	邻外层	10	16
	外层	10	14

3）电线应紧密整齐地绞合，不得有缺线、断线、跳线或松股现象。

4）电线中铝单股允许焊接，单股的焊接处应圆整，铝单股焊接区的抗拉强度应不低于 75MPa，同一根单线两焊接处之间的距离应不小于 15m，同一层非同一根单线焊接处之间的距离：内层应不小于 5m，外层应不小于 15m。

5）绞制过程中，单根或多根镀锌钢线或铝包钢线均不应有任何接头。

6）电线的制造长度，应不小于国标规定。当供需双方有协议时，允许按协议长度交货。

7）缠绕电线的线盘应牢固、完整、无损坏，固定线盘的铁钉不得挂磨电线。

2. 架空地线（含镀锌钢绞线、良导体、复合光缆）

（1）采用镀锌钢绞线作架空地线或拉线时，镀锌钢绞线的质量应符合国家现行标准 YB/T 5004—2012《镀锌钢绞线》的规定。

1）钢绞线性能、镀锌钢绞线技术参数见表 2-42 和表 2-43。

表 2-42 镀锌钢绞线技术参数（YB/T 5004—2012《镀锌钢绞线》）

结构	钢丝直径 (mm)	钢绞线直径 (mm)	钢绞线面积 (mm²)	公称抗拉强度（MPa）					参考质量 (kg/100m)
				1175	1270	1370	1470	1570	
				钢丝破断拉力总和（kN）不小于					
1×3	2.90	6.2	19.82	23.29	25.17	27.15	29.14	31.12	15.99
	3.20	6.4	24.13	28.35	30.65	33.06	35.47	37.88	19.47
	3.50	7.5	28.86	33.91	36.65	39.54	42.43	45.31	23.29
	4.00	8.6	37.70	44.30	47.88	51.65	55.42	51.19	30.42

续表

结构	钢丝直径 (mm)	钢绞线直径 (mm)	钢绞线面积 (mm²)	公称抗拉强度 (MPa)					参考质量 (kg/100m)
				1175	1270	1370	1470	1570	
				钢丝破断拉力总和 (kN) 不小于					
1×7	1.00	3.0	5.50	6.46	6.98	7.54	8.08	8.64	4.37
	1.20	3.6	7.92	9.31	10.06	10.85	11.64	12.43	6.29
	1.40	4.2	10.78	12.67	13.69	14.77	15.85	16.92	8.56
	1.60	4.8	14.07	16.53	17.87	19.28	20.68	22.09	11.17
	1.80	5.4	17.81	20.93	22.62	24.40	26.18	27.96	11.14
	2.00	6.0	21.99	25.84	29.73	30.13	32.32	34.52	17.16
	2.30	6.9	29.08	34.17	36.93	39.84	42.75	45.66	23.09
	2.60	7.8	37.17	43.60	47.20	50.92	54.63	58.35	29.61
	2.90	8.7	46.24	54.30	58.72	63.35	67.97	72.60	36.71
	3.20	9.6	56.30	66.15	71.50	77.13	82.76	88.79	44.70
	3.50	10.5	67.35	79.14	85.85	92.27	99.00	105.74	53.18
	3.80	11.4	79.39	93.28	100.82	108.76	116.70	124.64	63.01
	4.00	12.0	87.96	103.35	111.71	120.50	129.30	138.10	69.84
1×19	1.60	8.0	38.20	44.88	48.51	52.23	56.15	59.97	30.40
	1.80	9.0	48.35	56.81	61.40	66.24	71.07	75.91	38.09
	2.00	10.0	59.69	70.14	75.81	81.78	87.74	93.71	47.51
	2.30	11.5	78.94	92.75	100.25	108.15	116.04	123.94	62.84
	2.60	13.0	100.88	118.53	128.12	138.20	148.29	158.38	80.30
	2.90	14.5	125.50	147.46	159.38	171.93	184.08	197.03	99.90
	3.20	16.0	152.81	179.55	191.06	209.35	244.63	239.91	121.64
	3.50	17.5	182.80	214.79	232.16	250.41	268.72	287.00	145.51
	4.00	20.0	238.76	280.54	303.23	327.10	350.98	374.86	190.05

表 2-43　　JG1A、JG1B、JG2A、JG3A 钢绞线性能 (GB/T 1179—2008 《圆线同心绞架空导线》)

规格号	面积 (mm²)	单线根数 n	直径 (mm)		单位长度质量 (kg/km)	额定抗拉力 (kN)				直流电阻20℃ (Ω/km)
			单线	绞线		JG1A	JG1B	JG2A	JG3A	
4	27.1	7	2.22	6.66	213.3	36.3	33.6	39.3	43.9	7.1445
6.3	42.7	7	2.79	8.36	335.9	55.9	51.7	60.2	67.9	4.5362
10	67.8	7	3.51	10.53	532.2	87.4	80.7	93.5	103.0	2.8578
12.5	84.7	7	3.93	11.78	666.5	109.3	100.8	116.9	128.8	2.2862
16	108.4	7	4.44	13.32	853.1	139.9	129.0	199.7	164.8	1.7861
16	108.4	19	2.70	13.48	857.0	142.1	131.2	152.9	172.4	1.7944
25	169.4	19	3.37	16.85	1339.1	218.6	201.6	238.9	262.6	1.1484
40	271.1	19	4.26	12.31	2142.6	349.7	322.6	374.1	412.1	0.7177
40	271.1	37	3.05	21.38	2148.1	349.7	322.6	382.3	420.2	0.7196
63	427.0	37	3.83	26.83	3383.2	550.8	508.1	589.3	649.0	0.4569

2) 钢绞线其外观质量应符合下列要求：

a. 钢绞线捻距应不大于直径的 14 倍。捻向为右捻。最外层钢丝的捻向应与相邻内层钢丝的捻向相反，如需改变捻向应在合同中注明。

b. 钢绞丝用镀锌钢丝捻制，钢丝表面应镀上一层均匀连续的锌，不得有疤、裂缝和漏镀的地方。

c. 钢绞线逐条的直径和捻距应均匀，不应有交错，切断应不松股。

d. 钢绞线各钢丝应紧密绞合，不应有交错、断裂和折弯。

e. 钢绞线内钢丝接头用对头碰焊，任意两接头间距不得小于 50m，接头应充分再镀锌，1×3 结构的钢绞线不允许有钢丝接头。

f. 钢绞线的包装、标志和质量证明按 GB/T 2104—2008《钢丝绳包装、标志及质量证明书的一般规定》执行。钢绞丝采用第一种类型包装。当盘重大于 700kg 时应采用第三种型包装。

（2）采用良导体作架空地线时，良导体的型号、规格及质量应符合设计选型及相应的现行国家标准。

良导体即良导线钢绞线，是一种"铝钢截面积比"较小的钢芯铝绞线，目前无专门的标准。设计选型时常套用 GB 1179—2008《圆线同心绞架空导线》标准中钢芯铝绞线的有关型号、规格及质量，这里强调的是以设计要求作为控制条件。

旧型号铝绞线及钢芯铝绞线技术参数见表 2-44 和表 2-45。

表 2-44　LJ 型铝绞线技术参数（GB 1179—1983《铝绞线及钢芯铝绞线》）

标称截面积（mm²）	结构（根数/直径）（mm）	计算截面积（mm²）	外径（mm）	直流电阻不大于（Ω/km）	计算拉断力（N）	线密度（kg/km）	交货长度不小于（m）
16	7/1.70	15.89	5.10	1.802	2840	43.5	4000
25	7/2.15	25.41	6.45	1.127	4355	69.6	3000
35	7/2.50	34.36	7.50	0.8332	5760	94.1	2000
50	7/3.00	49.98	9.00	0.5786	7930	135.5	1500
70	7/3.60	71.25	10.80	0.4018	10590	195.1	1250
95	7/4.16	95.14	12.48	0.3009	14450	260.5	1000
120	19/2.85	121.21	14.25	0.2373	19420	333.5	1500
150	19/3.15	148.07	15.75	0.1943	23310	407.4	1250
185	19/3.50	182.80	17.50	0.1574	28440	503.0	1000
210	19/3.75	209.85	18.75	0.1371	32260	577.4	1000
240	19/4.00	218.76	20.00	0.1205	36260	656.9	1000

续表

标称截面积 (mm²)	结构（根数/直径）(mm)	计算截面积 (mm²)	外径 (mm)	直流电阻不大于 (Ω/km)	计算拉断力（N）	线密度 (kg/km)	交货长度不小于 (m)
300	37/3.20	297.57	22.40	0.09689	46850	826.4	1000
400	37/3.70	397.83	25.90	0.07247	61150	1097	1000
500	37/4.16	502.90	29.12	0.05733	76370	1387	1000
630	61/3.63	631.30	32.67	0.04577	91940	1744	800
800	61/4.10	805.36	36.90	0.03588	115900	2225	800

表 2-45　　　LGJ、LGJF 型钢芯铝绞线技术参数（GB 1179—1983

《铝绞线及钢芯铝绞线》）

标称截面积铝/钢 (mm²)	结构（根数/直径）(mm)		计算截面积（mm²）			外径 (mm)	直流电阻不大于 (Ω/km)	计算拉断力（N）	线密度 (kg/km)	交货长度不小于 (m)
	铝	钢	铝	钢	总计					
10/2	6/1.50	1/1.50	10.6	1.77	12.37	4.50	2.706	4120	42.9	3000
16/3	6/1.85	1/1.85	16.13	2.69	18.82	5.55	1.779	6130	65.2	3000
25/4	6/2.32	1/2.32	25.36	4.23	29.59	5.96	1.131	9290	102.6	3000
35/6	6/2.72	1/2.72	34.86	5.81	40.67	8.16	0.8230	12630	141.0	3000
50/8	6/3.20	1/3.20	48.25	8.04	56.29	9.60	0.5946	16870	195.1	2000
50/30	12/2.32	1/2.32	50.73	29.59	80.32	11.60	0.5692	42620	372.0	3000
70/10	6/3.80	1/3.80	68.05	11.34	79.39	11.40	0.4217	23390	275.2	2000
70/40	12/2.72	7/2.72	69.73	40.67	110.40	13.60	0.4141	58300	511.3	2000
95/15	26/2.15	7/1.67	94.39	15.33	109.72	13.61	0.3058	35000	380.8	2000
95/20	7/4.16	7/1.85	95.14	18.82	113.96	13.87	0.3019	37200	408.9	2000
95/55	12/3.20	7/3.20	96.51	56.30	152.81	16.00	0.2992	78110	707.0	2000
120/7	18/2.90	1/2.90	118.89	6.61	125.50	14.50	0.2422	27570	379.0	2000
120/20	26/2.38	7/1.85	115.67	18.82	134.49	15.07	0.2496	41000	466.8	2000
120/25	7/4.72	7/2.10	122.48	24.25	146.73	15.74	0.2345	47880	526.6	2000
120/70	12/3.60	7/3.60	122.15	71.25	193.40	18.00	0.2364	98370	895.6	2000
150/8	18/3.20	1/3.20	144.76	8.04	152.80	16.00	0.1989	32860	461.4	2000
150/20	24/2.78	7/1.85	145.68	18.82	164.50	16.67	0.1980	46630	549.4	2000
150/25	26/2.70	7/2.10	148.86	24.25	173.11	17.10	0.1939	54110	601.0	2000
150/35	30/2.50	7/2.50	147.26	34.36	181.62	17.50	0.1962	65020	676.2	2000
185/10	18/3.60	1/3.60	183.22	10.18	193.40	18.00	0.1572	40880	584.0	2000
185/25	24/2.98	7/2.10	187.04	24.25	211.29	18.90	0.1542	59420	706.1	2000
185/30	26/2.98	7/2.32	181.34	29.59	210.91	18.88	0.1592	64320	732.6	2000
185/45	30/2.80	7/2.80	184.73	43.10	227.83	19.60	0.1564	80190	848.2	2000
210/10	18/3.80	1/3.80	204.14	11.34	215.48	19.00	0.1411	45140	650.7	2000

续表

标称截面积铝/钢（mm²）	结构（根数/直径）（mm）		计算截面积（mm²）			外径（mm）	直流电阻不大于（Ω/km）	计算拉断力（N）	线密度（kg/km）	交货长度不小于（m）
	铝	钢	铝	钢	总计					
210/25	24/3.33	7/2.22	209.02	27.10	236.12	19.93	0.1380	65990	789.1	2000
210/35	26/3.22	7/2.50	211.73	34.36	246.09	20.38	0.1363	74250	853.9	2000
210/50	30/2.98	7/2.98	209.24	48.82	258.06	20.86	0.1381	90830	960.8	2000
240/30	24/3.60	7/2.40	244.29	31.67	275.96	21.60	0.1111	75620	922.12	2000
240/40	26/3.42	7/2.66	238.85	38.90	277.75	21.60	0.1209	83370	964.3	2000
240/55	30/3.20	7/3.20	241.27	56.30	297.57	22.40	0.1198	102100	1108	2000
300/15	42/3.00	7/1.67	296.88	15.33	312.21	23.01	0.09724	68068	939.8	2000
300/20	45/2.93	7/1.95	303.42	20.91	324.33	23.43	0.09520	75680	1002	2000
300/25	48/2.85	7/2.22	306.21	27.10	333.31	23.76	0.09433	83410	1058	2000
300/40	24/3.99	7/2.66	300.09	38.90	338.99	23.94	0.09614	92220	1133	2000
300/50	26/3.83	7/2.98	299.54	48.82	348.36	24.26	0.09636	103400	1210	2000
300/70	30/3.50	7/3.60	305.36	71.25	376.61	25.20	0.09463	128000	1402	2000
400/20	42/3.51	7/1.95	406.40	20.91	427.31	26.91	0.07104	88850	1286	1500
400/35	48/3.22	7/2.50	390.88	34.36	425.24	26.82	0.07389	103900	1349	1500
400/50	54/3.07	7/3.07	399.73	51.82	451.55	27.63	0.07232	123400	1511	1500
400/65	26/4.42	7/3.44	398.94	65.06	464.00	28.00	0.07236	135200	1611	1500
400/95	30/4.16	19/2.50	407.75	93.27	501.02	29.14	0.07087	171200	1860	1500
500/35	45/3.75	7/2.50	497.01	34.36	531.37	30.00	0.05812	119500	1642	1500
500/45	48/3.60	7/2.80	488.58	43.10	531.68	30.00	0.05912	128100	1688	1500
630/45	45/4.20	7/2.80	623.45	43.10	666.55	33.60	0.04633	148700	2060	1200
630/55	48/4.12	7/3.20	639.92	56.30	696.22	24.32	0.04514	164400	2209	1200
630/80	54/3.87	19/2.32	635.19	80.32	715.51	34.82	0.04551	192900	2388	1200
800/55	45/4.4	7/3.20	814.30	56.30	870.60	38.40	0.03547	191600	2690	1000
800/70	48/4.63	7/3.60	808.15	71.25	879.40	38.58	0.03574	207000	2791	1000
800/100	54/4.33	19/2.60	795.17	100.88	896.05	39.98	0.3635	241100	2991	1000

　　注　LGJF 型的计算质量，应在表 2-45 规定值中增加防腐涂料的质量，其增值为钢芯防腐涂料增加 2%，内部铝钢各层涂防腐涂料增加 5%。

　　（3）采用复合光缆作架空地线。复合光缆作架空地线时，国内产品应符合国家现行标准 DL/T 832—2003《光纤复合架空地线》等的规定。进口产品应符合设计选用标准。

　　随着电网建设的飞跃发展，电力通信随之发展，由于光缆损耗低、频带宽、适合高速数字传输、重量轻、尺寸小，不受电磁干扰，具有较高的、独特的电磁兼容性的优点，所以在电力通信系统中可能发挥其优越性，新建 500kV 线路已基本采用光缆通信。一般采用 OPGW（架空地线复合光缆），大跨越档采用 GWWOP

（架空地线缠绕光缆），改、扩建工程则多用 ADSS（全介质自承式光缆）。

1）电力通信光缆的分类。借助现有输电线路设施，可以架设的通信光缆有以下三类：

a. 架空地线复合光缆 OPGW 或称光纤复合架空地线（简称复合光缆）。

b. 全介质自承式光缆 ADSS。

c. 地线缠绕式光缆 GWWOP。

除 GWWOP 基本不用外，从长远考虑，新建的高压输电线路上将使用 OPGW，而配电线路上将使用 ADSS。

2）架空地线复合光缆。由多根光纤和保护材料制成一个或多个受到保护的光纤单元，再同心绞合单层或多层金属线就形成了 OPGW。

OPGW 的主要特点是具有普通地线和通信光缆的双重功能，实现防雷、通信的双重效果，适合 110kV 及以上电压等级的输电线路应用。它还具有承受拉力大，对风、冰、雷击等破坏性气候有较强的耐受能力，容纳光纤数量大，使用寿命长、可靠性高等优点。但它的价格较高。

OPGW 由光单元（简称 OP 单元）和地线单元（外绞合导线）所组成的，如图 2-3 所示。

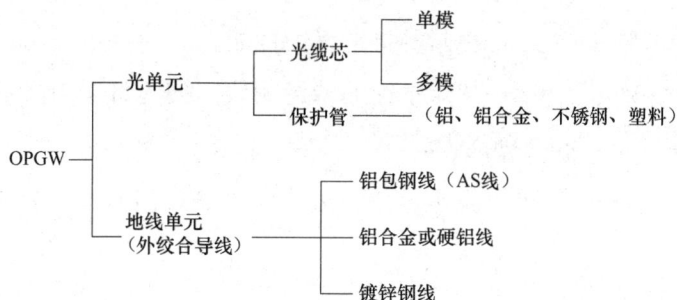

图 2-3　典型的复合光缆结构组成

OPGW 可以归纳为以下三种典型的结构：

a. 无缝铝管式。其光单元分中心管式和层绞式两种。

b. 骨架式。

c. 不锈钢管式。

我国常用的 OPGW，其光纤数量为 8、12、16、24 芯最为普遍。目前最多为 24 芯，光纤全部采用单模光纤。三种结构中多用无缝铝管式，详见表 2-46。

表 2-46   常用三种型号 OPGW 的主要技术参数

项目	光缆型号		
	OPGW-95	OPGW-124	OPGW-156
外径（mm）	12.91	15.4	16.38
内径（mm）	8.01	9.9×6.8（外径×内径）	8.10
光纤数（条）	12	12	12
总截面积（mm²）	95	124	156
单位长度的质量（kg/km）	564	637	1033
最小静弯曲直径（mm）	516	385	400
额定张力强度（kN）	92.627	91.244	178.380
弹性模数（N/mm²）	140083	111270	178566
直流电阻 20℃（Ω/km）	0.6545	0.4240	0.5031
使用条件	普通线路段	普通线路段与大跨越的过渡段	大跨越路段

3）ADSS（全介质自承式）光缆。

a. ADSS 类型。ADSS 类型如图 2-4 所示。

b. ADSS 光缆具有下述特点：

— A 型：中心束管式

— B 型：层绞式松套型

— C 型：分布式增强型

— D 型：带状式

图 2-4 ADSS 类型

图中 A、B 型在电力系统中

应用较广泛

• 缆内无金属，完全避免了雷击的可能。

• 适应温度范围广，线膨胀系数可以忽略不计，满足冷热变比较大的温度环境要求。

• 优越的抗电腐蚀性能。

• 扭矩平衡的芳纶缠线，使光纤具有极高的抗扭强度和防弹能力。

• 直径小、质量轻，可以减小覆冰、风力的影响，同时减轻杆塔和支持物的外荷载。

2.3.7 金具

金具的质量应符合 GB/T 2314—2008《电力金具通用技术条件》和 DL/T 768《电力金具制造质量》系列标准及其他相关的技术标准，验收、标志与包装应符合 GB/T 2317《电力金具试验方法》系列标准的规定。

GB/T 2314—2008《电力金具通用技术条件》已替代 GB 2314—1985，内容包括电力金具设计、制造及安装，还规定了基本要求、分类要求、材料及防腐要求、结构尺寸公差及结构工艺要求等，其他相关的技术标准指 DL/T 757—2009《耐张线夹》等金具标准。

对现场电力金具的验收主要指品种、规格核对和对外观质量的检查。

1. 金具的用途

金具在架空电力线路及配电装置中，主要用于支持、固定和接续裸导线、导体及绝缘子连接成串，亦用于保护导线和绝缘体。按金具的主要性能和用途，金具大致可分以下几类：

（1）悬、吊金具又称支持金具或悬垂线夹。这种金具主要用来悬挂导线于绝缘子串上（多用于直杆塔）及悬挂跳线于绝缘子串。

（2）锚固金具又称紧固金具或耐张线夹。这种金具主要用来紧固导线的终端，使其固定在耐张绝缘子串上，也用于避雷线终端的固定及拉线的锚固。锚固金具承担导线、避雷线的全部张力，有的锚固金具亦作为导电体。

（3）连接金具又称挂线零件。这种金具用于将绝缘子连接成串及金具与金具的连接，它承受机械载荷。

（4）接续金具。这种金具专用于接续各种裸导线、避雷线。接续金具承担了导线相同的电气负荷，大部分接续金具承担导线或避雷线的全部张力。

（5）防护金具。这种金具用于保护导线、绝缘子等，如保护绝缘子用的均压环，防止绝缘子串上拔用的重锤及防止导线振动用的防振锤、护线条等。

（6）接触金具。这种金具用于硬母线、软母线与电气设备的出线端子相连接。导线的 T 接及不承力的并线连接等，这些连接处是电气接触，因此，要求接触金具有较高的导电性能和接触稳定性。

（7）固定金具亦称电厂金具或大电流母线金具。这种金具用于配电装置中的各种硬母线或软母线与支柱绝缘子的固定、连接等，大部分固定金具是用于大电流，故所有元件均应无磁滞损失。

2. 金具的分类

金具的分类关系到金具产品系列规划、金具标准的制定及科学管理，分类的方法主要按金具结构性能、安装方法及使用范围来划分。以往的分类是分为线路金具、变电金具和电厂金具三大门类九大系列，由于线路金具亦用于变电和电厂，所以这里介绍的分类是电力金具分为架空电力线路金具和配电装置金具两大体系共七类，以字母表示，见表 2-47。

表 2-47　　　　　　　　　金 具 分 类

悬垂线夹类	耐张线夹类	接续金具类	防护金具类	T接金具类	设备线夹类	母线金具类
C	N	J	F	T	S	M

连接金具类无分类代表字母，型号首字以产品名称首字母表示，见表 2-48。

表 2-48   连 接 金 具 分 类

首位字母	系列名称	首位字母	系列名称	首位字母	系列名称
B	避雷	P	平行	W	碗头挂板
D	调整	Q	球头、牵引	Y	延长
L	联板	U	U 型挂板、U 型螺栓	Z	直角、十字

根据 1997 年修订的电力金具产品样本介绍，线路金具共 6 大类 76 个系列 529 个型号。其中：

(1) 悬垂线夹类有 7 个系列 20 个型号。

(2) 耐张线夹类有 5 个系列 69 个型号。

(3) 联结金具类有 25 个系列 153 个型号。

(4) 接续金具类有 13 个系列 173 个型号。

(5) 保护金具类有 20 个系列 94 个型号。

(6) 拉线金具类有 6 个系列 20 个型号。

3. 金具的主要技术条件和质量要点

(1) 电力金具的电气接触性能应符合下列规定：

1) 导线接续处两端点之间的电阻，应不大于同样长度导线的电阻。

2) 导线接续处的温升应不大于被接续导线的温升。

3) 承受电气负荷的所有金具其载流量应不小于被安装导线的载流量。

(2) 耐张线夹、接续金具对导线的握力与绞线额定抗拉力之百分比应不小于表 2-49 的规定。

表 2-49   耐张线夹、接续金具和接触金具抗力与绞线额定抗拉力之百分比

金具类别	百分比（％）
压缩型接续管及耐张线夹	95
非压缩型耐张线夹	90
T 型线夹及设备线夹（接触金具）	10
特大截面积导线、扩径导线和绝缘线用耐张线夹	65

对承受全张力的压缩型接续管、耐张线夹不小于被接续导线额定抗拉力的 95％，螺栓型耐张线夹为 90％，变电所用的承力线夹不小于被接续导线额定抗拉力的 65％；对不承受全张力的 T 形线夹、设备线夹等，不小于被接续导线额定抗拉力的 10％。

(3) 悬垂线夹对不同导线的握力与绞线额定抗拉力之百分比应不小于表 2-50

的规定。

表 2-50 悬垂线握力与绞线额定抗拉力之百分比

绞线类别	铝、钢截面积比	百分比（%）
钢芯铝绞线、钢芯铝合金绞线	>1.7	14
	4.0～4.5	18
	5.0～6.5	20
	7.0～8.0	22
	11.0～20.0	24
铜绞线		28
钢绞线、铝包钢绞线		14
铝绞线、铝合金绞线		24

（4）船式悬垂线夹船体线槽的曲率半径应不小于导线或地线直径的 8 倍；非压缩型耐张线夹的弯曲延伸部分与承受拉力的导线相互接触时，则此弯曲延伸部分出口处的曲率半径应不小于被安装导线直径的 8 倍；各种线夹及接续管的出口，均应制成圆滑的喇叭状。

（5）接线端子板的电气接触面必须光洁，粗糙度为 $12.5\mu m$ 且平整，具有良好的电气接触性能。

（6）受剪螺栓的螺纹，允许进入受力板件的深度不大于该板件厚度的 1/3。

（7）用于额定电压 330kV 及以上的金具，当不采用屏蔽装置时，应考虑金具自身能防电晕。

（8）可锻铸铁及球墨铸件的表面不允许有裂纹、缩松，重要部位（指图样标注不允许降低破坏荷重的部位）不允许有气孔、渣眼、砂眼及飞边等缺陷。在铸件非重要部位，允许有直径不大于 4mm、深度不大于 1.5mm 的气孔、砂眼，但每件不应超过两处，两个缺陷之间距离不小于 25mm，两缺陷不能处于内外表面的同一对应位置，且不降低镀锌质量。铸件表面应平整，不允许有多肉等缺陷。

锻件和热弯杆件不允许有过烧、叠层、局部烧熔、严重锤印及氧化鳞皮等缺陷，其尺寸的偏差见表 2-51。

表 2-51 锻件和热弯杆公称尺寸偏差

公称尺寸（mm）		50	51～100	101～300	301～500
偏差（mm）	锻件	±1.5	±2.0	±2.5	±3.0
	热弯杆件				

（9）钢接续管内壁应无锌层，其外径及内径尺寸允许偏差应符合表 2-52 规定。

表 2-52　　　　　　　　钢接续管外径及内径尺寸极限偏差　　　　　　（mm）

外径		内径	
基本尺寸	极限偏差	基本尺寸	极限偏差
≤14	±0.2	≤9	±0.15
>14～22	−0.2～+0.3		
>22～34	−0.2～+0.4	>9～16	±0.20

注　钢接续管的孔中心偏移不超过±0.25mm。

（10）U 型螺栓的无扣杆件直径不允许小于螺纹中径，作为吊挂用 U 形螺栓的螺纹部分及杆件均不允许缩径。

（11）均压屏蔽环镀锌的外侧管表面，应无锌刺、锌渣。表面有 5mm² 或相当于 5mm² 面积的脱锌时，允许涂油漆补救，当环内侧及支持杆上的凝锌面积不大于 25mm² 时，允许补修。

（12）金具的铜、铝件表面应光滑、平整、清洁，不应有裂纹、起泡、起皮、夹渣、压折、气孔、砂眼、严重划伤及分层等缺陷。电气接触平面不允许有碰伤、划伤、斑点、凹坑、压印等缺陷。但允许有轻微的局部的不使板厚（或管壁厚）超出允许偏差的划伤、斑点、凹坑、压印及修理痕迹等缺陷。钻孔应倒棱去刺。

铜、铝铸件应清除飞边、毛刺，规整的合模缝允许存在，但合模、错模不应大于 0.5mm。铸铝件不允许冲孔、铸造成形的孔的边缘允许圆角存在。铜铝对焊的过渡板在焊接处弯曲 180°时，焊缝不应断裂，对焊平面错边不超过 2.0mm，厚度错边不超过 0.7mm。

（13）挤压铝管内径及外径尺寸允许偏差应符合表 2-53 规定。

表 2-53　　　　　　　挤压铝管内径及外径尺寸允许偏差　　　　　　（mm）

外径		内径	
基本尺寸	极限偏差	基本尺寸	极限偏差
≤32	±0.4	≤22	−0.3
>32～50	+0.6	>22～36	−0.4
>50～80	+1.0	>36～38	−0.5

（14）预绞丝端部应为光滑的半球形，其单丝直径允差应符合表 2-54 的规定。

表 2-54　　　　　　　　　　预绞丝单丝直径允差　　　　　　　　　（mm）

单丝直径	3.6	4.6	6.3
允许偏差	±0.05	±0.06	±0.08

2.3.8　绝缘子

绝缘子是输电线路绝缘的主体。绝缘子的作用是悬挂（亦称支持）导线，并使导线与杆塔大地保持绝缘，绝缘子不仅要承受工作压力和大气过电压作用的绝缘强度，同时还要承受导线的垂直荷载，水平荷载和导线张力的机械强度。如果质量不好，会造成导线接地短路故障，因此，绝缘子虽小，却是送电线路上的主要组成部分。

1. 绝缘子的分类

绝缘子的分类如图 2-5 所示。

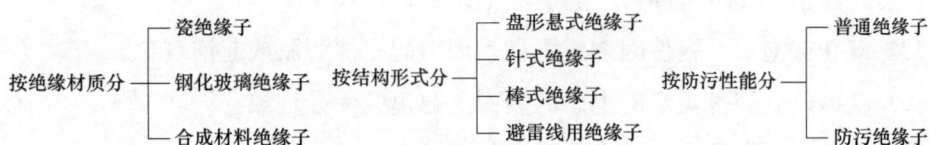

图 2-5　绝缘子的分类

2. 盘形悬式瓷及玻璃绝缘子的质量

盘形悬式瓷及玻璃绝缘子的质量应符合 GB/T 1001.1—2003《标称电压高于 1000V 的架空线路绝缘子　第 1 部分：交流系统用瓷或玻璃绝缘子元件定义、试验方法和判定准则》、GB/T 7253—2005《标称电压高于 1000V 的架空线路绝缘子交流系统用瓷或玻璃绝缘子件　盘形悬式绝缘子件的特性》和 JB/T 9678—2012《盘形悬式绝缘子用钢化玻璃绝缘件外观质量》的规定，其主要技术条件和质量要点如下：

（1）瓷件外观质量术语：

1）斑点——熔化在瓷件表面上的杂物（如铁质、石膏等）所形成的异色斑点。

2）烧缺——坯体内杂物烧去后所形成深入瓷体上的凹陷。

3）杂质——粘附在瓷件表面上的钵屑、砂粒、石英粉等颗粒。

4）气泡——因杂质分解在瓷体表面所形成的泡。

5）釉面针孔——釉面上呈现的不深入瓷体的直径在 1mm 以下的小孔。

6）釉泡——因烧成不良而在釉面上形成的泡。

7）开裂——烧成后在瓷体或釉面上形成的裂口；裂纹指宽度很微小的开裂（如龟裂等）。

8）堆釉——高出正常釉面的积釉部分。

9）缺釉——瓷件规定上釉的表面上露出的瓷体无釉部分。

10）折痕——坯泥折叠在坯件表面上而未开裂的痕迹。

11）压痕——坯件表面因受压而造成的凹陷痕迹。

12）刀痕——由于坯件加工不当，在表面上造成的细条痕迹。

13）波纹——由于坯件加工不当，在表面上造成不平痕迹。

14）粘釉——瓷件在焙烧时，因瓷件相互或与外物粘连面损坏釉面或瓷体的缺陷。

15）碰损——坯件或瓷件相互或与外物相碰击而伤及釉面或瓷件的缺陷。

16）生烧——瓷件最终烧成温度低于坯料成瓷温度或保温时间不够以致瓷件烧成不充分，经孔隙性试验有吸红现象者。

17）过火——瓷件最终烧成温度高于坯料成瓷温度或保温时间过长所形成的瓷体发脆以及由于温度过高而引起的起泡现象。

18）氧化起泡——瓷件因烧成不良，而引起瓷体膨胀或起泡现象。

19）缺砂——瓷件规定应上砂的表面上露出的无砂现象。

20）堆砂——局部高出正常上砂层的砂粒堆积现象。

21）标记不请——商标或标记模糊而辨认不清。

（2）绝缘子瓷件应按图纸规定的部位均匀地上层瓷釉，釉面应光滑无裂缝，不应有显著的色调不均，瓷件不应有生烧、过火和氧化起泡现象。

绝缘子玻璃件应由钢化玻璃制造，玻璃件不应有折痕、气孔等有损良好运行性能的表面缺陷，玻璃件中气泡直径不应大于 5mm。

（3）瓷件表面缺陷不应影响瓷件的安装和连接，且不超过表 2-55 的规定。

表 2-55　　　　　　　　　　瓷 件 外 观 质 量

瓷件分类		单个缺陷					外表面缺陷总面积（mm²）
类别	$H \times D$（cm²）	斑点、杂质、烧缺、气泡等直径（mm）	粘釉或碰伤面积（mm²）	缺釉		深度或高度（mm）	
				内表面积（mm²）	外表面积（mm²）		
1	≤50	3	20	50	40	1	100
2	>50～400	3.5	25	100	50	1	100
3	>400～1000	4	35	140	70	2	140
4	>1000～3000	5	40	160	80	2	400

注　H 为瓷件高度或长度，mm；D 为瓷件最大外径，cm。

1）当耐污型产品的爬电距离 $L/H > 2.2$ 时，（L—爬电距离，H—瓷件高度 mm）其允许的缺陷总面积应不大于上表中各类外表面缺陷总面积乘以 $L/H \times 1/2$ 的系数。

例如：XWP2—16、$H = 155mm$、$L = 450mm$、$D = 300mm$，$H \times D = 15.5 \times 30 = 465cm^2$ 属 3 类，$L/H = 450/155 = 2.9$，故允许外表面缺陷总面积为 $L/H \times 1/2 \times$

$140 = 203\text{mm}^2$。

2）瓷件主体部位外表面单个缺釉面积应不超过外表面缺釉面积的 0.7 倍。

3）釉面缺陷不能过分集中，釉面针孔在任一 500mm^2 面积范围内应不超过 20 个缺陷的堆聚（例如堆砂）应算作单个缺陷。

4）堆釉、折痕的高度或深度应不超过上表的规定，刀痕和波纹的深度应不超过 0.5mm，以上缺陷不计算面积。

5）瓷件焙烧支承面不上釉部位不算作缺陷，但其不上釉高度应不大于 5mm，超过部分按缺釉计算其面积，磨剥部位表面不算作缺釉。

（4）绝缘子尺寸偏差应符合如下规定：

1）结构高度 H 为 $\pm(0.03H+0.3)\text{mm}$；盘径 D 为 $\pm(0.04D+1.5)\text{mm}$。

最小公称爬电距离 L 为 $+$（不规定）、$-(0.025L+6)\text{mm}$。

2）绝缘子串的结构高度偏差为 $\pm0.024nH$（n 表示 6 只绝缘子）对于优等品，6 只绝缘子的结构高度偏差应为 $\pm19\text{mm}$。

（5）绝缘子的检验分为逐个试验、抽样试验和型式试验，其试验方法除符合 GB/T 1001.1—2003《标称电压高于 1000V 的架空线路绝缘子　第 1 部分：交流系统用瓷或玻璃绝缘子元件定义、试验方法和判定准则》的规定外，还应符合 GB/T 775《绝缘子试验方法》系列标准、GB/T 22708—2008《绝缘子串元件的热机和机械性能试验》、JB/T 8177—1999《绝缘子金属附件热镀锌层通用技术条件》和 JB/T 3384—1999《高压绝缘子与抽样方案》的规定。

1）逐个试验。绝缘子应按表 2-56 试验项目和规定逐个进行检查，如发现有不符合表 2-56 中规定的任何一项要求时，则此绝缘子不合格。

表 2-56　　　　　　　　　　　　　　绝缘子逐个试验项目

项号	试验名称	试验依据
1	外观检查	GB/T 1001.1—2003《标称电压高于 1000V 的架空线路绝缘子　第 1 部分：交流系统用瓷或玻璃绝缘子元件定义、试验方法和判定准则》标准第 2.3、2.5 及 2.6 条
2	拉伸负荷试验	2.7 条绝缘子应能耐受 10s 拉伸负荷试验而不损坏，其试验负荷为额定机电破损负荷的 50%
3	工频火花电压试验（仅对瓷绝缘子）	2.8 条瓷绝缘子应能耐受工频火花电压试验而不击穿或破坏，试验时间为连续 5min
4	热震试验（仅对玻璃件）	2.11 条玻璃绝缘子应能耐受 1 次热震试验而不损坏，试验温差为 100℃

由于盘形悬式绝缘子出厂前已逐个进行外观检查、拉伸负荷试验、工频火花电压试验（瓷绝缘子）和热震试验（玻璃绝缘子）然后再抽样进行爬距试验、机械破坏负荷等一系列试验。正常情况下，盘形悬式绝缘子出厂时是符合规范要求的，施工时主要是检查绝缘子在运输过程中有否损坏，如有破损必须剔除。1990 年版规范中规定"对绝缘子产品质量有怀疑时应进行检验与鉴定，如发生类似情况应由有资质的机构进行检验与鉴定"，2005 年版修订时将该部分内容删除。

2）抽样试验。抽样试验在逐个试验合格后按表 2-57 规定的试品数量随机抽取试品，并按表 2-57 中程序进行试验。

表 2-57　　　　　　　　　　　　　绝缘子抽样试验项目

项目	试验名称	试验数量（只）						试验方法	试验技术要求
		$V<1200$		$V=1201$ ~3200		$V=3201$ ~5000			
		试品总数							
		瓷 8	玻璃 11	瓷 10	玻璃 13	瓷 12	玻璃 17		
1	尺寸及爬电距离检查	3		5		5		GB/T 775	
2	锁紧销操作试验	3		5		5		GB/T 1001.1 —2003	
3	温度循环试验	8	11	10	13	12	17	GB/T 775	耐受温度 70°三次循环试验而不损坏玻璃绝缘子耐受 1 次热震试验，温差 100℃
4	1h 机电负荷试验	经项 3 试验后						GB/T 775	试验负荷为额定机电破坏负荷的 75%，试验电压为额定工频击穿电压的 50%
		8	11	10	13	12	17		
5	机电（机械）破坏负荷试验	经项 4 试验后						GB/T 775	电压 60kV，破坏负荷 75%而不破坏
		5		5		7			
6	工频击穿电压试验	经项 4 试验后						GB/T 775	不少于 120kV，工频有效值
		3		5		5			
7	孔隙性试验（仅对瓷绝缘子）	经项 5 试验后的瓷块						GB/T 775	压力不小于 20MPa，压力与时间（小时）的乘积不小于 180MPah 而无渗透现象
		3		5		7			

续表

项目	试验名称	试验数量（只）						试验方法	试验技术要求
		$V<1200$		$V=1201$ ~3200		$V=3201$ ~5000			
		试品总数							
		瓷 8	玻璃 11	瓷 10	玻璃 13	瓷 12	玻璃 17		
8	热震试验 （仅对玻璃 绝缘子）	经项 3 试验后						GB/T 1001.1 —2003	将试件加热到高于试验 水温 100° 的均一温度后迅 速将试件浸入不超过 50° 的试验水中
		3		3		3			
9	锌层试验	3		5		5		JB/T 8177 —1999	铁帽 10 点，钢脚 5 只， 平均不少于 $116\mu m$

3）型式试验。新产品试制定型或正常生产的产品修改结构、改变原材料配方及工艺方法时，必须按型式试验的全部项目进行试验。型式试验应在逐个试验合格后按表 2-58 规定进行。

表 2-58 绝缘子型式试验项目

项号	试验名称	试品数量（只）		试验方法
		瓷	玻璃	
1	尺寸爬电距离检查	5		GB/T 775
2	锁紧销操作试验	经项 1 后 5		GB/T 1001.1—2003
3	雷电全波击耐压试验	经项 2 后 3		GB/T 775
4	工频 1min 湿耐压试验	经项 3 后 3		GB/T 775
5	打击负荷试验	3		GB/T 1001.1—2003
6	残留机械破坏负荷试验	25		GB/T 1001.1—2003
7	热机试验	20（注）		GB/T 22708—2008
8	温度循环试验	12	17	GB/T 775
9	1h 机电负荷试验	经项 8 试验后		GB/T 775
		12	17	
10	机电（机械）破坏负荷试验	经项 9 试验后		GB/T 775
		7	7	
11	工频击穿电压试验	经项 9 试验后		GB/T 775
		5	5	
12	孔隙性试验（瓷绝缘子）	经项 10 试验后瓷块 7		GB/T 775
13	热震试验（玻璃绝缘子）	经项 9 试验后的 5		GB/T 1001.1—2003
14	锌层试验	5		JB/T 8177—1999

注 其中 10 只试品不经 1h 机电负荷试验，而只进行机电（机械）破坏负荷试验，以便与热机试验结果进行比较。

（6）连接用锁紧销采用铜质或不锈钢材料制造，并应与绝缘子成套供应，锁紧销应能耐受操作试验，其负荷值按表 2-59 规定，其最大负荷为表中规定以上限值。

表 2-59 锁紧销操作试验负荷

锁紧销型式	开口驼背销		W 型销	
连接标志	16～24	28～32	16～24	28～32
负荷值范围 N(kgf)	50～500 (5.1～51)	100～650 (10.2～66.3)	25～250 (2.55～25.5)	50～250 (5.1～25.5)

（7）有放电间隙的避雷线用绝缘子，其铁附件应光滑无毛刺、连接牢固无变形。

（8）用于 500kV 线路上的绝缘子，尚应有起晕电压的要求，起晕电压值不低于 25kV。

（9）带有镀套的绝缘子，其锌套管端应露出于胶结钢脚水泥平面上。

3．有机复合绝缘子

有机复合绝缘子（亦称合成绝缘子），由两种复合材料构成，一般由芯棒和伞套所组成并带有端部附件。有机复合绝缘子的质量应符合 GB/T 19519—2014《架空线路绝缘子 标称电压高于 1000V 交流系统用悬垂和耐张复合绝缘子定义、试验方法及接收准则》规定，其主要技术条件和质量要点如下：

（1）术语名词。术语名词如下：

1）芯棒是绝缘子的内绝缘件，要承担机械负荷，一般由玻璃纤维增强树脂棒制成，其抗拉强度为 $8\sim10N/cm^2$。

2）伞套是指伞裙和外护套，是绝缘子的外绝缘件。它提供必要的爬电距离，且保护芯棒不受大气的侵蚀。

3）内护套是绝缘子的芯棒和伞套之间的一层绝缘层。

4）端部附件是构成绝缘子的部件，与绝缘件装配，作为安装连接用。

5）界面是不同材料或不同部件之间的接触物。

6）漏电起痕是由于在绝缘件的表面形成通道，并且发展形成的一种不可逆的劣变现象，这种通道甚至在干燥的条件下也是导电的。起痕可以产生在与空气接触的表面上，也可产生在不同绝缘材料之间的界面上。

7）电蚀。由于绝缘材料的蚀损，在绝缘子表面和界面上产生的一种不可逆的且不导电的劣变。

8）树枝状通道。在绝缘材料内部形成的细微通道产生不可逆的劣变现象。这种通道也可能不导电，也可能导电，并且能够在整个材料上逐渐延伸直至产生电气和机械破坏。

9）粉化。由于外界因素的影响，绝缘子伞套材料中填料的一些颗粒露出形成粗糙或粉状的表面。

10）水解。绝缘子的元件由于受到水或水蒸气的渗透作用，在内部发生化学变化，这种变化可能导致电气或机械性能的下降。

（2）技术要求和质量要点。质量要求和质量要点如下：

1）绝缘子的尺寸偏差应符合表 2-60 规定。

表 2-60　　　　　　　　　　　　　　绝缘子尺寸偏差　　　　　　　　　　　　　（mm）

绝缘子结构高度	<700	700～1200	1200～2800	2800～3500	>3500
允许偏差	±15	±20	±30	±40	±50

2）绝缘子最小公称爬电距离应符合：

$$+ 不做规定，-(0.025L+5)mm，（L— 表示爬电距离）$$

3）绝缘子伞套表面单个缺陷面积（如缺胶、杂质、凸起等）不应超过 $25mm^2$、深度不大于 1mm，凸起表面和合缝应清理平整，凸起高度不应超过 0.8mm，总缺陷面积不超过绝缘子总面积的 0.2%。

4）绝缘子端部附件镀锌层应符合 JB/T 8177—1999《绝缘子金属附件热镀锌层通用技术条件》的规定，其连接结构如采用球窝和槽型时，连接尺寸应符合 GB/T 4056—2008《绝缘子串元件的球窝连接尺寸》的规定，锁紧销应符合 GB/T 25318—2010《绝缘子串元件球窝联接用锁紧销：尺寸和试验》的规定，且与绝缘子成套供应。

5）绝缘子的芯棒与端部附件不应有明显的歪斜，并建立"标样"进行对照检查。

6）绝缘子应由制造厂检验部门检验。应按批进行检验，以同一工艺方法制成的同一型号的绝缘子算作一批，每批数量 N 不应超过 1200 只。

7）逐个试验按表 2-61 规定逐个进行检查，如发现有不符合表 2-61 中规定的任何一项要求时，则此只绝缘子不合格。

表 2-61　　　　　　　　　　　绝缘子逐个试验项目

项号	试验名称	试验方法
1	外观检查	按 GB/T 775
2	拉伸负荷试验	按 GB/T 775
3	工频耐受电压试验	按 GB/T 775

8）抽样试验。抽样试验应在逐个试验合格后，按表 2-62 规定的试品数量，随机地抽取试品并按规定顺序进行试验，所有的抽样试验项目均采用计件二次抽样方案，其判定程序见表 2-62。

表 2-62 绝缘子抽样试验项目

项号	试验名称	产品数量（只）			试验方法
		$N \leqslant 150$	$151 \leqslant N \leqslant 500$	$501 \leqslant N \leqslant 1200$	
		试品总数			
		3	5	8	
1	尺寸及爬电距离检查	3	5	8	GB/T 775
2	锌层试验	3	5	8	JB/T 8177—1999
3	锁紧销操作试验	3	5	8	GB/T 25318—2010
4	额定机械负荷耐受试验	3	5	8	GB/T 775
5	陡波冲击试验	3	5	8	GB 5892

第一次试验时如某项试验仅有一只不符合表 2-62 要求，则在同一批中抽取加倍数量的绝缘子，对不合格的项目进行重复试验（镀锌试验除外），如果在第一试验中，一项或一项以上有二只或二只以上的试验不合格时，或重复试验再出现一只或一只以上不合格时，则该批绝缘子不合格，若仅项 1 检查不合格，则允许逐只精选。

9）型式试验。产品的试制、定型或正常生产的产品结构，原材料配方及工艺方法改变时，必须按型式试验的全部项目进行试验，全部试验项目要求按照 GB/T 5982—2005《脱轮机 试验方法》有关条文进行。

4. 直流盘形悬式绝缘子的质量

直流线路采用的直流盘形悬式绝缘子的质量，应符合国家电网公司（1405027—28—0000—00）《±400～±800kV 直流盘形悬式瓷/玻璃绝缘子通用技术规范》的规定，与通用于交流线路的盘形悬式绝缘子相比，直流线路的绝缘子主要考虑抗电解腐蚀及爬电距离要求比耐污绝缘子高等，如运行条件上无特别要求，一般也采用符合 GB/T 1001.1—2003 系列标准的盘形悬式绝缘子。

5. 长棒型瓷绝缘子

长棒型瓷绝缘子的质量应符合设计条件和相应的技术标准。本条款是 2005 年版规范新增条文。长棒型瓷绝缘子是一种新型的绝缘子。目前，国内尚无标准，但已在线路上应用，所以提出以设计选型为控制条件。目前厂家生产是根据 IEC

60071（电气性能）、IEC 60433 及 IEC 60383（机械性能）、球窝或槽型根据 IEC 60120 及 IEC 60471 标准。

6. 架空地线用绝缘子

架空地线用盘形悬式绝缘子的质量应符合国家现行标准 JB 9680《高压架空输电线路地线用绝缘子》的规定。架空地线用针式瓷绝缘子的质量应符合 GB 1000.2—1988《高压线路针式瓷绝缘子　尺寸与特性》的规定。

测　　量

3.1　线路工程施工测量内容

线路工程在杆塔基础工程施工前必须进行施工测量，其主要内容包括路径复测和分坑测量。

（1）路径复测。对设计提供的线路路径及杆塔桩位进行档距、高程、转角等复核测量，确定杆塔档距是否符合设计明细表给定的数据、杆塔位置有否偏离线路方向，转角桩的转角度是否正确，相邻杆塔桩位的相对标高、杆塔位间被跨越物或邻近建筑物的标高，地形变化较大，导线对地距离有可能不够的地形凸起点的标高等。

（2）分坑测量。根据设计选定的基础型式逐基对基坑和拉线坑进行定位测量即分坑测量。分坑必须在复测结束后进行，不得边复测边分坑，在工期紧急情况下，允许若干段同时复测，但必须坚持一个耐张段复测无误后，方准对该段内的杆塔位分坑，但不宜马上挖坑。

3.2　测量仪器和量具

总则规定必须经过检定，并在有效使用期内。测量仪器量具使用前必须进行检查。经纬仪最小角度读数不应大于 $1'$。

经纬仪、水准仪在使用前必须进行检验的项目有水准管轴垂直于竖轴十字丝、视准轴垂直于竖轴、竖盘指数差，光学对中器检验，如检查过程中发现超标的可自行进行校正，合格后方可使用。（照准部上水准管的脚螺旋可进行水准轴垂直于竖轴的校正），测量人员必须持证上岗。

3.3 路径复测技术和质量要点

（1）线路杆塔位桩间的档距和标高可用视距法进行复测，如图 3-1 所示，步骤如下：

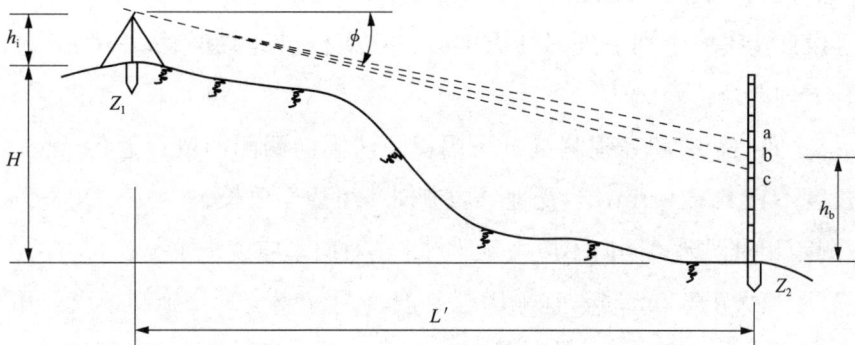

图 3-1 线路档距及高差的复测

1）将经纬仪安平在 Z_1 桩处，Z_2 桩上立标尺，量仪器高 h_i（望远镜中点至 Z_1 桩顶面的垂直距离）。

2）将望远镜内的上、中、下三根横线对准 Z_2 桩上标尺，读数点分别为 a、b、c 同时读出垂直角 ϕ。

3）计算 Z_1、Z_2 间的水平距离，公式如下

$$L' = KL\cos\phi$$

式中　L'——两桩位间的水平距离（档距）的实测值，m；

　　　K——经纬仪的视距常数，一般为 100，表示视距 a、c 间的距离为 1m 时，其测量距离为 100，m；

　　　L——视距值，它等于标尺上 a、c 两读数间的差值即 $(h_a - h_c)$，m；

　　　ϕ——垂直角仰角为正值，俯角为负值，（°）。

4）设 b 点读数为 h_b 则桩位 Z_1、Z_2 间的高差可按下式计算

$$H = 1/2KL'\sin 2\theta + h_b - h_i$$

式中　H——两桩位（$Z_1 - Z_2$）高差的实测值，m；

　　　h_b——经纬仪十字线中线对准的塔尺读数，m；

　　　h_i——用钢尺直接量取的仪器高，m。

如果在实际测量中，能使望远镜的中线对准点 b，使 h_b 恰好等于 h_i，此时高

差计算式可简化为

$$H = 1/2KL'\sin2\phi$$

5）计算得出顺线路方向两相邻塔位中心桩间的距离 L' 与设计值偏差，不超出设计档距的 1‰ 为合格；导线对地距离有可能不够的地形凸起点标高，杆塔位间被跨越物的标高、相邻杆塔位相对标高实测值与设计值相比的偏差不大于 0.5m，则认为设计值正确，否则应由设计方查明原因予以纠正。

（2）设计交桩后个别丢失的杆塔中心桩，应按设计数据予以补钉，其测量精度应符合下列要求：

1）桩之间的距离和高程测量可采用视距法同向两测回或往返各一测回测定，其视距长度不宜大于 400m，当受地形限制时，可适当放长。

2）测距相对误差，同向不应大于 1/200，对向不应大于 1/150。

3）当距离大于 600m 时，宜采用电磁波测距仪或全站仪施测，当采用视距法有困难或者障碍难以排除及无法排除时，亦可采用三角分析，横基线、小对数尺、竖基尺等测距法测距，但技术要求应符合 DL/T 5076—2008《220kV 及以下架空送电线路勘测技术规程》。

4）对线路地形变化较大和杆塔间有跨越物，或者设计要求开挖凸起的土石方时，要注意复核，风偏对地距离。

5）杆塔位中心桩移桩的测量精度，当采用钢卷尺直线量距时，两次测值之差不得超过量距的 1‰，当采用视距法测距时，两次测值之差不得超过测距的 5‰。

（3）直线杆塔中心桩采用正倒镜分中法复测杆塔中心桩是否正确或对丢失的直线杆塔中心桩进行补钉。

正倒镜分中法的操作步骤，如图 3-2 所示。

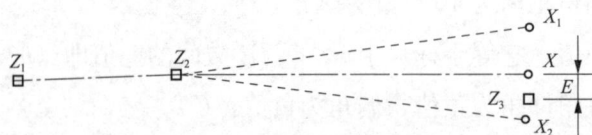

图 3-2　直线杆塔中心桩的复测

Z_1、Z_2 为已复测正确的在线路中心线上的直线桩（或杆塔中心桩），Z_3 为被复测的直线杆塔中心桩，把仪器摆平在 Z_2 桩处，先用正镜后视立于 Z_1 桩上铁钉的标杆，然后转望远镜 180° 前视 Z_3 桩上的标杆，如恰好重合，则说明 Z_3 桩位于线路中心线上，如不重合，例如倒镜后测得一点 X_1，将望远镜沿水平旋转 180° 仍瞄准

Z_1（此时为倒镜），再竖转望远镜 180°前视 Z_3 测得一点 X_2，定出 X_1、X_2 之中点，量出 X 至 Z_3 桩间的水平距离 E，E 即为直线桩 Z_3 在横线路方向的偏差值，如果确定 Z_3 为原设计钉的桩且 E 值不大于 50mm 则不必移桩，这就是规范所说的以相邻直线桩为基准，其横线路方向偏差不大于 50mm 的要求，否则要查明原因予以纠正。

（4）转角杆塔中心桩复测（采用方向法或测回法），检查转角杆塔中心桩是否正确，如图 3-3 所示。

将经纬仪安平于 J_1 桩处，固定底座，先用正镜前视 Z_6 桩上的标杆，然后旋转望远镜读出水平度盘的角度 α_{11}，再将望远镜顺时针方向对准 Z_7 桩标，读出水平角 α_{12}，此两个水平角之差即为 J_1 桩的第一个

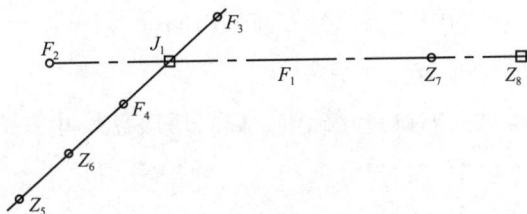

图 3-3　转角桩的检查

转角 α_1，先记录之，然后再水平旋转望远镜，以倒镜对准 Z_6 桩再竖转望远镜成正镜，读水平角度值 α_{21} 将望远镜顺时针旋转对准 Z_7 桩再读水平角度值 α_{22}。α_{22} 与 α_{21} 之差为第二个转角 α_2，两次实测的 α_1 与 α_2 的平均值，若与设计值之差不大于 1min30s，则 J_1 桩转角值正确并做好记录，若大于 1min30s 时，应会同设计人员进一步复查，找出原因予以纠正。此法称为测回法，方向法则是两个半测回之平均值与设计值之比，要注意的是两个半测回之间的角度值偏差不应超过经纬仪最小读数的 1.5 倍。

3.4　分坑测量的技术质量要点

1. 钉立辅助桩

（1）路径复测时，应根据杆塔位中心桩钉出施工及质量检查的辅助桩，辅助桩的位置要隐蔽不易被碰撞，对直线杆塔沿线路中心方向及垂直线路方向的前后，左右钉四个辅助桩，也可钉在同侧；双柱杆塔顺线方向的辅助桩与中心桩距离应不小于导线横担高度的 2 倍（便于测量横担与主柱连接点之差）。

（2）对转角杆塔沿线路转角分角线方向及内分线方向钉 4 个辅助桩；转角杆塔为单柱杆时，沿线路中心方向增多两个辅助桩。

（3）施工中保留不住的杆塔中心桩必须钉立辅助桩，做好记录，以便恢复该

桩中心并记录辅助桩与杆塔中心桩相对高差，以便开挖后确定施工基面。

（4）有位移的转角杆塔，先钉内角平分线（横线路方向）的辅助桩，仪器移于横线路方向辅助桩，对准中心桩，在此方向钉出位移桩，仪器再移于位移桩，对准横线路方向辅助桩，转角90°钉线路转角平分线辅助桩（顺线路方向）。

（5）必须在线路复测确认无误后方准开始分坑测量。分坑测量必须编制分坑尺寸明细表（包括杆塔型式、基础正面、侧面根开、基础对角线含基坑远点、近点、中心点及坑口尺寸等项目）和对于终端、转角、换位等特殊杆塔根据设计单位规定的中心桩位移方向列出明细表。

2. 坑口尺寸确定

（1）下口尺寸确定。以杆塔底盘尺寸、拉线基础尺寸、拉线盘尺寸及施工操作裕度确定下口尺寸。

（2）上口尺寸确定，以下口尺寸，坑深及土（石）质确定上口尺寸，以防土方坍塌，为基础施工质量提供保障。

（3）为防止坑壁塌方，保证土方开挖安全，应根据不同的土壤来决定坑壁坡度大小，表示坡度大小用安全坡度系数，它是坑口预留边坡宽度与坑深之比，安全规程推荐值见表3-1。

表 3-1   坑口预留边坡宽度与坑深之比

土壤分类	砂土、砾土、淤泥	砂质黏土	黏土、黄土	坚土	岩石
安全坡度系数 k_p	0.75	0.5	0.3	0.15	0

3. 自立塔基础分坑

（1）等高腿正方形基础分坑。仪器置于中心桩或位移桩，对准基础对角线方向，在此方向确定基坑口对角线两点，以对角线两点及坑口宽度勾画出正方形。

（2）等高腿矩形基础分坑。仪器置于中心坑，分别对准顺线路及横线路方向辅助桩；地脚螺栓式基础以基面正面、侧面根开之和的1/2，主角钢插入式基础以底盘正面、侧面根开之和的1/2，在顺线路及横线路方向钉检测桩，检测桩间拉尺，以顺线路检测桩为准时，以正面半根开的$\sqrt{2}$倍；以横线路检测桩为准时，以侧面半根开的$\sqrt{2}$倍，确定各腿中心，再以此为准，在拉尺方向，以1/2坑口尺寸的$\sqrt{2}$倍确定坑口对角两点，以此两点及坑口尺寸勾画矩形。

（3）高低腿正方形基础分坑。与等高腿基础分坑方法基本相同，对准半对角线方向进行分坑。

（4）高低腿矩形基础分坑。以半根开之和或以半根开之差在顺线路或横线路方向确定各腿基础45°分角线位置，并钉45°检测桩，仪器移于45°检测桩，对准中心桩确定45°方向。仪器在横线路方向45°检测桩，以侧面半根开的$\sqrt{2}$倍，仪器在顺线路方向的45°检测桩，以正面半根开的$\sqrt{2}$倍，确定各腿基础中心，在此方向以1/2坑口尺寸的$\sqrt{2}$倍确定坑口对角点勾画矩形。

注意开基面基础及高低腿基础的外边坡应符合设计要求，否则，请设计解决。

4. 拉线塔基础分坑

（1）单个基础分坑。仪器置于中心桩，对准辅助桩，转角45°，以1/2坑口尺寸的$\sqrt{2}$倍确定坑口对角两点，以此两点勾画正方形，与此同时钉出基础对角线检测桩。

（2）两个基础分坑。仪器置于中心桩，对准横线路方向辅助桩，以半根开确定塔柱基础中心并钉桩。仪器移置于塔柱基础中心桩，对准横线路方向辅助桩，转角45°，以同样方法勾画坑口，并钉塔柱基础的对角线检测桩。

5. 拉线基础分坑

（1）拉线坑位置满足条件。

1）拉线与横担水平夹角应符合设计。

2）拉线与地平面夹角应符合设计。

3）"X"型交叉拉线，避免空中相碰。

（2）拉线坑分坑原则方法。

1）按照设计给定数据，确定坑位中心。

2）目测拉线拉点与坑位中心连线方向，在坑位中心前后，以坑口宽度的1/2确定两点，垂直拉线方向，以前后两点及坑口长度的1/2确定4点，勾画长方形。

3）为便于检查拉线基础位置，宜在拉线方向坑口前后应钉检测桩。

（3）斜坡地形拉线坑分坑。

1）以水平距离初定拉线坑位。

2）测量初定坑位与中心桩之间高差，并考虑杆塔施工基面因素，计算初定坑位与杆塔施工基面之差，以此高差进行拉线坑位调整（向低处）。拉线对地平面夹角45°，以高差调整水平距离，拉线对地平面夹角60°以高差的0.577倍调整水平距离。

3）在拉线挂点与初定坑位连线方向进行坑位调整，如为高坡拉线，考虑土坡体积增加拉线盘埋深因素，还应适当后移。

6. 杆塔基础分坑质量要求

（1）杆塔基础坑。

1）基础根开，对角线尺寸符合设计。

2）基础方向符合设计。

3）坑口呈正方形或长方形，并留操作裕度；嵌固式岩石基础、掏挖基础呈圆形。

（2）拉线基础坑：

1）拉线与横担水平夹角、拉线与地平面夹角符合设计：拉线坑前后左右偏移不超过规定。拉环中心在拉线方向前后左右与设计位置的偏移约 1‰L（L 为拉环中心至杆塔拉线固定点的水平距离）。

2）拉线坑与拉线方向垂直、坑口呈长方形。

3）坑底与拉线盘下部形状一致，坑底倾斜角与拉线对地平面夹角之和成 90°。

4）马道坡度与拉线坡度一致，并有拉线棒活动裕量。

3.5 架空送电线路架设后的安全距离

GB 50233—2005《110～500kV 架空送电线路施工及验收规范》第 3.0.7 为新增条文，对非城市规划范围架空送电线路架设后的安全距离必须满足下列要求：

（1）最大计算弧垂情况下导线对地面最小距离应不小于表 3-2 所示的要求。

表 3-2　　　　　　　　　　　导线对地面最小距离　　　　　　　　　（m）

线路经过地区	线路标称电压（kV）			
	110	220	330	500
居民区	7.0	7.5	8.5	14.0
非居民区	6.0	6.5	7.5	11（10.5）
交通困难地区	5.0	5.5	6.5	8.5

注　500kV 送电线路非居民区 11m，用于导线水平排列，括号内的 10.5m 用于导线三角排列。

（2）最大计算风偏情况下导线与山坡、峭壁、岩石之间的最小净空距离不应小于表 3-3 的要求。

表 3-3 　　　　　　　导线与山坡、峭壁、岩石之间的最小净空距离 　　　（m）

线路经过地区	线路标称电压（kV）			
	110	220	330	500
步行可以到达的山坡	5.0	5.5	6.5	8.5
步行不能到达的山坡峭壁和岩石	3.0	4.0	5.0	6.5

（3）架空送电线路与甲类火灾危险性的生产厂房、甲类物品库房、易燃易爆材料堆场及可燃或易燃易爆液（气）体储罐的防火间距，不应小于杆塔高度的1.5倍。

（4）架空送电线路与铁路、公路、河流、管道、索道和架空线路交叉或接近距离应满足表 3-4 要求。

表 3-4 　　　　　　　导线对被跨物最小垂直距离 　　　　　　（m）

被跨越物名称		线路标称电压（kV）			
		110	220	330	500
至铁路轨顶	标准轨	7.5	8.5	9.5	14.0
	窄轨	7.5	7.5	8.5	13.0
	电气轨	11.5	12.5	13.5	16.0
至铁路承力索或接触线		3.0	4.0	5.0	6.0
至公路路面		7.0	8.0	9.0	14.0
至电车道（有轨及无轨）	路面	10.0	11.0	12.0	16.0
	承力索或接触线	3.0	4.0	5.0	6.5
至通航河流	五年一遇洪水位	6.0	7.0	8.0	9.5
	最高航行水位的最高船桅顶	2.0	3.0	4.0	6.0
至不通航河流	百年一遇洪水位	3.0	4.0	5.0	6.5
	冰面（冬季温度）	6.0	6.5	7.5	水平11.0 三角10.5
至弱电线路		3.0	4.0	5.0	8.5
至电力线路		3.0	4.0	5.0	6.0 (8.5)
至特殊管道任何部分		4.0	5.0	6.0	7.5
至索道任何部分		3.0	4.0	5.0	6.5

注 "至电力线路"括号内数字用于跨越杆（塔）顶。

（5）架空送电线路与铁路、公路、电车道、河流、弱电线路、架空送电线路、管道、索道接近的最小水平距离应符合表 3-5 的要求。

表 3-5　　　　　　　　　　　最 小 水 平 距 离　　　　　　　　　　　（m）

接近物	接近条件		对应线路电压等级（kV）			
			110	220	330	500
铁路	杆塔外缘至路基边缘		交叉取 30m，平行取最高杆（塔）高加 3m			
公路	杆塔外缘至路基边缘	开阔地区	交叉取 8m，平行取最高杆（塔）高			
		路径受限制地区	5.0	5.0	6.0	8.0（15）
电车道（有轨及无轨）	杆塔外缘至路基边缘	开阔地区	交叉取 8m，平行取最高杆（塔）高			
		路径受限制地区	5.0	5.0	6.0	8.0
通航或不通航河流	边导线至斜坡上缘（线路与拉纤小路平行）		最高杆（塔）高			
弱电线路	与边导线间	开阔地区	最高杆（塔）高			
		路径受限制地区	4.0	5.0	6.0	8.0
电力线路	与边导线间	开阔地区	最高杆（塔）高			
		路径受限制地区	5.0	7.0	9.0	13.0
特殊管道和索道	边导线至管道和索道	开阔地区	最高杆（塔）高			
		路径受限制地区（在最大风偏情况下）	4.0	5.0	6.0	7.5

注　接近公路一栏中括号内数值对应高速公路、高速公路路基边缘指公路下缘的隔离栏。

　　上述（1）～（5）均是 DL/T 5092—1999《110kV～500kV 架空送电线路设计技术规程》中涉及安全距离的项目属于强制性条文强制执行的内容。新建线路跨越铁路、高速公路等时，设计方一般会就安全距离与铁路、高速公路主管部门协商。DL/T 5092—1999《110kV～500kV 架空送电线路设计技术规程》还列出非强制性条文的安全距离要求，为便于查用见表 3-6～表 3-11。

表 3-6　　　　**最大计算弧垂时导线与建筑物之间的最小垂直距离**　　　　（m）

线路电压（kV）	110	220	330	500
垂直距离	5.0	6.0	7.0	9.0

表 3-7　　**最大计算风偏时边导线与城市多层建筑物或规划建筑物之间的最小水平距离**（m）

线路电压（kV）	110	220	330	500
距离	4.0	5.0	6.0	8.5

表 3-8　　　**导线与自然生长高度不超过 2m 时的树木之间的垂直距离**　　　（m）

线路电压（kV）	110	220	330	500
垂直距离	4.0	4.5	5.5	7.0

表 3-9　　最大计算风偏时导线对公园、绿化区或防护林带间树木的净空距离　　（m）

线路电压（kV）	110	220	330	500
距离	3.5	4.0	5.0	7.0

表 3-10　导线与果树、经济作物、城市绿化灌木及街道行道树之间的最小垂直距离　（m）

线路电压（kV）	110	220	330	500
垂直距离	3.0	3.5	4.5	7.0

表 3-11　　　　　　　　　　　送电线路与弱电线路的交叉角

弱电线路等级	一级	二级	三级
交叉角	≥45°	≥30°	不限制

GB 50233—2005《110～500kV 架空送电线路施工及验收规范》，3.0.8 为新增条文，是城市电网建设中应遵守的技术政策，也是环保要求。GB/T 50293—2014《城市电力规划规范》的规定见表 3-12～表 3-15（略去 110kV 以下内容）。

表 3-12　最大计算弧垂情况下架空送电线路导线与建筑物之间的最小垂直距离　　（m）

线路电压（kV）	110	220	330
垂直距离	5.0	6.0	7.0

表 3-13　最大计算风偏情况下架空电力线路边导线与建筑物之间的安全距离　　（m）

线路电压（kV）	110	220	330
安全距离	4.0	5.0	6.0

表 3-14　　最大计算弧垂情况下架空送电线路导线与地面间的最小垂直距离　　（m）

线路经过地区	线路电压（kV）		
	110	220	330
居民区	7.5	8.5	14.0
非居民区	6.0	6.5	7.5
交通困难区	5.0	5.5	6.5

注　1. 居民区指工业企业地区，港口、码头、火车站。镇、集镇等人口密集地区。
　　2. 非居民区指居民区以外的地区，虽然时常有人、车辆或农业机械到达，但房屋稀少的地区。
　　3. 交通困难地区指车辆、农业机械不能到达的地区。

表 3-15　架空送电线路与考虑树木自然生长高度的街道行道树之间的最小垂直距离　（m）

线路电压（kV）	110	220	330
最小垂直距离	3.0	3.5	4.5

④

土石方工程

4.1　土石方开挖的一般要求

土石方开挖应按设计施工，减少需开挖以外的地面破坏，合理选择弃土的堆放点，以保护自然植被及环境。铁塔基础施工基面的开挖应以设计图纸为准，按不同地质条件规定开挖边坡，基面开挖后应平整，不应积水，边坡不应坍塌，与1990年版规范相比增加"按设计施工"和"环境保护"的内容。

（1）自然界形成不同的地质状况，决定了人们在土石方工程活动中采取了不同的开挖方法。

杆塔基础的地基土壤可分为岩石、碎石土、砂土、粉土、黏性土和人工填土等，分别简述如下：

1）岩石。岩石为颗粒间牢固连接，呈整体或具有节理裂隙的岩体。岩石根据其坚固性分为硬质和软质，其代表性的岩石见表4-1。

表 4-1　　　　　　　　　　岩石坚固性的划分

岩石类别	代表性岩石
硬质岩石	花岗岩、闪长岩、玄武岩、石灰岩、石英岩等
软质岩石	页岩、黏土岩、绿泥石片岩、云母片岩等

岩石根据其风化程度可分为微风化、中等风化和强风化，其特征见表4-2。

表 4-2　　　　　　　　　　岩石风化程度的划分

风化程度	特征
微风化	岩石新鲜、表面稍有风化迹象
中等风化	（1）结构和构造层理清晰； （2）岩体被节理、裂隙，分离成碎石状（20～50cm）； （3）锤击声脆，且不易击碎； （4）用镐难挖掘，用钻心钻方可钻进

风化程度	特征
强风化	(1) 结构和构造层理不甚清晰，矿物成分已显著变化； (2) 岩体被节理、裂隙，分离成碎石状（2～20cm）； (3) 用镐可以挖掘，手摇钻不易钻进

2）碎石土。碎石土为粒径大于 2mm 的颗粒含量超过全重 50％的土，其分类见表 4-3。

表 4-3   碎 石 土 的 分 类

土的名称	颗粒形状	粒组含量
漂石	圆形、亚圆形为主	粒径大于 200mm，占全重 50％以上
块石	棱角形为主	
卵石	圆形、亚圆形为主	粒径大于 20mm，占全重 50％以上
碎石	棱角形为主	
圆砾	圆形及亚圆形为主	粒径大于 2mm，占全重 50％以上
角砾	棱角形为主	

3）砂土。砂土为粒径大于 2mm 的颗粒含量不超过全重的 50％，粒径大于 0.075mm 的颗粒超过全重 50％的土，其分类见表 4-4。

表 4-4   砂 土 的 分 类

土的名称	粒组含量	土的名称	粒组含量
砾砂	粒径大于 2mm 的颗粒占全重 25～50％	细砂	粒径大于 0.075mm 的颗粒占全重 85％
粗砂	粒径大于 0.5mm 的颗粒超过全重 50％	粉砂	粒径小于 0.075mm 的颗粒占全重 50％
中砂	粒径大于 0.25mm 的颗粒占全重 50％		

4）黏性土。黏性土一般分为两类，黏土和粉质黏土（亚黏土）。塑性指数（IP）大于 17 为黏土，小于 17 而大于 10 者为粉质黏土。黏土按其状态分为坚硬、硬塑、可塑、软塑和流塑等各种。

淤泥是静水或缓慢的流水环境中，沉积并经生物化学作用形成的特殊黏土。当天然孔隙比小于 1.5 但大于或等于 1.0 的应为淤泥质土。

5）粉土。粉土为塑性指数小于或等于 10 的土。其性质介于砂土和黏性土之间。

6）填土。人工填土按其组成分为素填土、杂填土和冲填土。

素填土为由碎石土、砂土、粉土、黏土等组成的土。

杂填土为含有建筑垃圾、工业废料、生活垃圾等杂物的填土。

冲填土为由水力冲填泥沙形成的填土。

（2）在施工现场，为了保证基坑开挖的安全，需设置安全坡度。在这种情况下，一般将土质分为岩石（特坚土）、碎石土（坚土）、干燥的黏性土和黄土（次坚土）、亚黏土和亚砂土（普通土）、粉土和淤泥（软土）五类。

对于因电力线对地距离不满足要求，在保证山坡整体稳定的情况下，边坡的开挖应符合下列要求。边坡的坡度允许值，当地质条件良好且土（岩）质比较均匀时，可按表 4-5 和表 4-6 确定。

表 4-5   岩石边坡坡度允许值

岩石类别	风化程度	坡度允许值（高宽比）	
		坡高在 8m 以下	坡高为 8～15m
硬质岩石	微风化	1：0.1～1：0.2	1：0.2～1：0.35
	中等风化	1：0.2～1：0.35	1：0.35～1：0.5
	强风化	1：0.35～1：0.5	1：0.5～1：0.75
软质岩石	微风化	1：0.35～1：0.5	1：0.5～1：0.75
	中等风化	1：0.5～1：0.75	1：0.75～1：1.00
	强风化	1：0.75～1：1.00	1：1.00～1：1.25

表 4-6   土质边坡坡度允许值

土的类别	密实度或状态	坡度允许值（高宽比）	
		坡高在 5m 以内	坡高为 5～10m
碎石土	密实	1：0.35～1：0.5	1：0.5～1：0.75
	中密	1：0.5～1：0.75	1：0.75～1：1.00
	稍密	1：0.75～1：1.00	1：1.00～1：1.25
黏性土	坚硬	1：0.75～1：1.00	1：1.00～1：1.25
	硬塑	1：1.00～1：1.25	1：1.25～1：1.50

如果边坡高度大于表 4-5 和表 4-6 中规定及其他特殊情况时由设计单位另行确定，对于土质边坡或易于风化的岩石边坡，在开挖时应采取相应的排水和坡脚护面保护措施，以确定边坡稳定。开挖土石方时，宜从上到下，依次进行，挖填土宜求平衡，尽量分散处理弃土，如必须在坡顶或山腰大量弃土时，应进行坡体稳定验算。

4.2 施工基面技术要点

杆塔基础施工基面系指杆塔位置计算基础埋深和定位杆塔高的起始基准面。即，杆塔基础的深度应以设计施工基面为基准，当设计施工基面为零时，杆塔基础坑深应以设计中心桩处自然地面标高为基准。杆塔桩地面至施工基准面间的高差叫做基础施工基面值。

（1）等高腿基础。平地以杆塔桩位地面为施工基面；丘陵地形双杆基础一般以杆位桩地面为施工基面，亦有以低腿基面为施工基面。

（2）山区铁塔基础。高低腿（长短腿）基础各有一个施工基面，自杆塔中心桩地面0点算起，在0点之上短腿基础施工基面值为正；在0点之下的长腿基础施工基面值为负。

（3）灌注桩基础。施工基面以塔位桩地面标高为起始标高，以相对标高为施工基面的标高。

（4）拉线基础。一般以拉线基础中心的地面为施工基面，处于上坡地形的拉线基础，为保证基础的稳定性，应适当降低施工基面标高（即增加坑深）。

4.3 土石方挖掘技术要点

（1）普通土挖掘。一般采用人工挖掘，按不同地质考虑边坡系数，坑深留有裕度，坑底操平找正时处理，防止超深。亦可采用机械挖掘。

人工开挖时，坑底面积在 $2m^2$ 以内时，只允许一坑一人操作，坑底面积超过 $2m^2$ 时，尽量一坑一人操作，也可由二人同时挖掘，但不得对面操作；机械开挖时，应有一人地面指挥，按设计的基坑尺寸挖掘，坑挖好后用人工修整坑底并铲除浮土。堆在基坑上方的松土离坑口边应不小于现浇混凝土基础1.0m；底拉盘基础0.5m；掏挖式基础1.5m或扩大头范围外0.5m。

（2）泥水坑及流砂坑开挖。对于不塌方且渗水速度较慢的泥水坑可采用人工排水边挖边排的施工方法；对于渗水快的泥水坑必须采用抽水机排水，边排水边挖坑；地下水较大的泥水坑开挖时应采取下列措施：

1）坑深超过1.5m，必须采用挡土板桩加以支撑，挡土板桩厚35mm，宽150～200mm。

2）施工时先在坑壁四周设水平横撑木，将板桩由横撑木及坑壁间插下，边插边打，横撑木垂直间距不大于 1m。

3）板桩间距视土质而定，土质较好者为 1.0～1.5m，土质较差者为 0.3～0.5m。

4）板桩顶要求防止打裂的措施也可以用 8 号铁丝绑扎加横垫木等。

5）挖掘过程中注意挡土板有无变形及断裂现象，如发现应及时更换，更换时应先装新板，后拆旧板。

6）拆除挡土板应待基础安装完毕与回填土同时进行，拆除顺序自下而上，边拆除边回填。

地下水较多的泥水坑开挖完成后，在底层铺以铺石灌浆垫层，然后在上方支模浇制混凝土，在坑内安装一个与基础底部外形尺寸相同大小的塑料袋，在塑料袋内浇制混凝土将地下水与混凝土隔开。

对于流砂不很严重的基坑可以采用大开挖的方法，扩大基坑开挖面直至能够掘进为止；对于流砂比较严重的基坑或者流砂不太严重但基础为现浇混凝土时，可以选用板桩支档的方法或者采用混凝土护管的方法（护管通常是内径 1.8m，高为 0.8m，壁厚为 0.1m 有上下企口的圆形管，混凝土护管不能回收）；对于流砂较为严重的基坑，采用混凝土护管加井底抽水的方法。

（3）掏挖基础坑的开挖。掏挖基础以坑壁作模板，其外形尺寸应满足设计要求。严格控制坑位不宜一次成形，第一次略小于设计尺寸，按不同深度量尺进行修坑，及时进行操平和混凝土浇筑以防坑壁坍塌。

（4）灌注桩成孔。以顺线路及横线路两个方向对钻杆或冲头吊绳进行找正，以保证桩孔的垂直度，孔口设置护筒，不断向孔内注水及泥浆，使孔水位始终高于地下水形成正压，向孔壁渗水造成泥浆护壁。泥浆比重及黏度是形成泥浆护壁的关键因素，必须严加控制。

（5）岩石基础成孔。

1）嵌固式岩石基础坑挖掘。一般采用松动爆破施工，严格控制药量及炮孔深度，邻近孔壁应设防震炮眼，防止孔壁震裂，如不设防震眼，爆破成孔应小于设计尺寸，爆破后用人工进行修孔，修后直径应不小于设计值，孔壁坡度应不小于设计值。亦可用无声破碎方法挖掘施工。

2）承台式岩石基础成孔。以设计图纸规定的施工基面为准对各基础腿的基面进行操平找正；开槽后由设计进行鉴定，对槽底进行操平找正；根据设计图纸进行锚筋孔布置，并作出明显标志；依据锚筋孔及孔径要求进行钻孔。

3）直锚岩石基础成孔。以设计图纸规定的施工基面为准，对各基础腿的基面进行操平找正；开槽后由设计进行鉴定，对槽底进行操平找正；根据设计图纸及技术资料，确定各个地脚螺栓中心位置，并以大于钻头直径 10mm 画出钻孔范围，凿出 100mm 深的限位孔；安装钻机，钻头对准孔位中心，从顺线路及横线路两个方向对钻杆进行找正，保证钻孔质量。

（6）旋锚桩基础。

1）平整场地，旋锚按指定位置进场。

2）用旋锚机的螺旋杆将旋锚桩固定，调整旋杆坡度符合要求，调整钻机方向，使旋锚桩方向符合要求。

3）移动钻机，对准桩位并将钻机固定牢固。

4）不断进钻不断接续，扭力矩达设计要求为止。

4.4 坑深及回填质量要求

（1）坑深质量要求。

1）杆塔基础坑深（不含掏挖基础及岩石基础）允许偏差为＋100mm，－50mm，坑底应平整，同基基础在允许偏差范围内按最深基坑操平。

2）掏挖基础对于风化岩或较坚硬的岩石可采用松动爆破与人工开挖相结合，但应保持坑壁完整，岩渣及松石必须清除干净。掏挖基础及岩石基础的尺寸不允许有负偏差。

3）拉线基础坑的坑深不允许有负偏差，当坑深超深后对拉线基础，安装位置与方向有影响时，应采取措施以保证拉线对地夹角。

4）接地沟开挖的长度和深度应符合设计要求并不得有负偏差（1990 年版的规范没提到长度），沟中影响接地体与土壤接触的杂物应清除，在山坡上挖接地沟时宜沿等高线开挖。

（2）坑深超差处理。杆塔基础坑深与设计坑深偏差大于 100mm 时应按以下规定处理：

1）铁塔现浇基础坑其超深部分应铺石灌浆。

2）混凝土电杆基础。铁塔预制基础，铁塔金属基础等其超深在 100～300mm 时应采用填土或砂、石夯实处理，每层厚度不宜超过 100mm，遇到泥水坑时，应先清洗坑内泥水后再铺石灌浆。当不能以填土或砂、石夯实处理时，其超深部分按设计要求处理，设计无具体要求时按铺石灌浆处理，坑深超过规定值 300mm 以上时应采用铺石灌浆处理。

（3）基础坑回填质量要求。

1）杆塔基础坑及拉线基础坑回填应符合设计要求，一般应分层夯实，每回填 300mm 厚度夯实一次，坑口的地面上应筑防沉层，防沉层的上部边宽不得小于坑口边宽，其高度视土质夯实程度而确定，基础验收时宜为 300～500mm，经过沉降后应及时补填夯实，工程移交时坑口回填土不应低于地面。本条对 1990 年版规范作了较大修改，原规范基础回填夯实，按其重要性不同，将不同形式的基础分为三类，回填时首先要判定是哪一种类型，然后按不同的要求进行回填，并对回填土的密实度提出具体要求。多年实施的经验证明，原规范在实际施工中比较复杂，回填土的密实度也难以测定，因此本条在保证回填土的前提下作了修改。

2）石坑回填应以石子与土按 3：1 掺合后回填夯实。

3）泥水坑回填应先排水坑内积水，然后回填夯实。

4）冻土回填时应先将坑内冰雪清除干净，把冻土块中的冰雪清除并捣碎后进行回填夯实。冻土坑回填在经历一个雨季后应进行二次回填。本条为新增内容，据调查，北方地区经常遇到冻土回填故而专门作出规定。

5）接地沟的回填宜选取未掺有石块及其他杂物的泥土并应夯实。回填后应筑有防沉层，其高度宜为 100～300mm，工程移交时回填土不得低于地面。原规范中为"及其他杂质的好土"，"好土"的概念不明确。因此将"好"字修改为"泥"字。

基　础　工　程

杆塔基础系指杆塔所受到的荷载传递给基础，以保持杆塔的稳定。基础承受的力有上拔力、下压力或者倾覆力。

（1）杆塔基础的一般分类如图 5-1 所示。

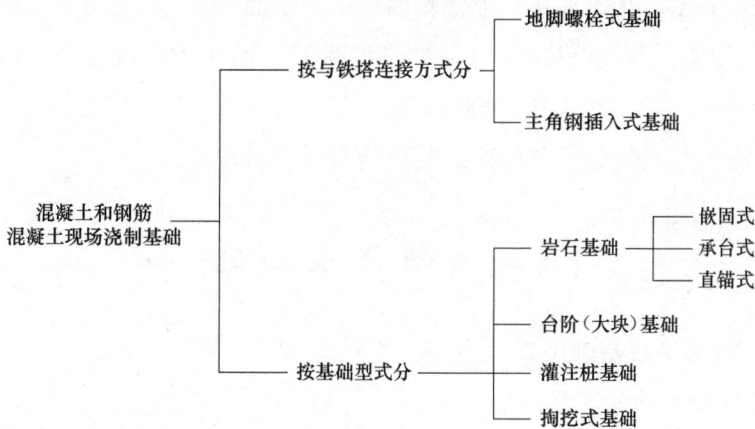

图 5-1　杆塔基础的分类

（2）预制钢筋混凝土装配基础。

5.1　基础工程的一般规定

（1）杆塔基础和拉线基础的钢筋混凝土工程施工及验收应遵守 GB 50233—2005《110kV～500kV 架空送电线路施工及验收规范》规定，尚应符合现行国家标准 GB 50204—2002《混凝土结构工程施工质量验收规范》及其他相关标准的有关规定。

（2）基础混凝土中严禁掺入氯盐。基础混凝土中掺入外加剂应符合现行国家标准 GB 50119—2013《混凝土外加剂应用技术规定》，GB 8076—2008《混凝土外

73

加剂》等和有关环境保护的规定。

预应力混凝土结构中，严禁使用含氯化物的外加剂。钢筋混凝土结构中，当使用含氯化物的外加剂等，混凝土中氯化物的含量应符合现行国家标准 GB 50164—2011《混凝土质量控制标准》的规定。

（3）基础钢筋焊接应符合国家现行标准 JGJ 18—2012《钢筋焊接及验收规程》的规定。

（4）不同品种的水泥不应在同一个浇筑物中混合使用。1990 年版规范是"不应在同一个基础腿中混合使用"，2005 年版规范改为"不同品种的水泥不应在同一个浇筑体混合使用"，如联合基础是一个浇筑体。同一基础中使用不同水泥时，应分别制作试块并作记录。

（5）当转角、终端塔设计要求采取预偏措施时，其基础的四个基腿顶面应按预偏值抹成斜平面，并应共在一个整斜面或平行平面内。

（6）位于山坡、河边或沟旁等易冲刷地带基础的防护，应按设计要求进行施工。1990 年版规范中"当有被冲刷可能时"这 8 个字在 2005 年版规范中改为"设计要求进行施工"就包含了"被冲刷的可能"无需再作判断。

5.2 现场浇筑基础

5.2.1 现场浇筑基础施工程序

1. 地脚螺栓基础施工程序

基础坑底操平找正；绑扎钢筋；地脚螺栓安装；混凝土浇筑；混凝土养护；拆模；回填土夯实。

2. 主角钢插入式基础施工程序

坑底操平找正；主角钢下支点混凝土垫块操平找正；底盘绑钢筋支模；主角钢与混凝土垫块铰接固定；主角钢操平找正固定；主柱绑钢筋支模；之后与地脚螺栓式基础施工程序相同。

3. 灌注桩基础施工程序

成孔后清孔、沉渣；钢筋笼焊接吊装入孔接续；导管安装；混凝土水下灌注；清除桩顶淤泥及混凝土软弱层；之后与地脚螺栓式基础施工程序基本相同，无回填土一项。

4. 承台式岩石基础施工程序

锚筋入孔；混凝土浇筑；之后与地脚螺栓式基础施工程序相同。

5. 直锚式岩石基础施工程序

地脚螺栓入孔操平找正；混凝土浇筑；混凝土养护。

5.2.2 现场浇筑基础各工序技术要点

1. 钢筋制作与安装

（1）钢筋调直。使钢筋平直无局部曲折，通常采用冷拉方法调直。Ⅰ级钢筋的冷拉率不宜大于 4%，Ⅱ、Ⅲ级钢筋的冷拉率不宜大于 1%。

（2）钢筋下料。主筋的保护层必须符合设计要求。钢箍下料必须保证主筋的保护层及地脚螺栓的几何尺寸，每个规格先制作样品，检查各部尺寸，合格后批量加工。

（3）钢筋制弯。Ⅰ级钢筋末端需作 180°弯钩，其弯曲内径不应小于钢筋直径的 2.5 倍，平直部分长度不宜小于钢筋直径的 3 倍；Ⅱ级钢筋末端需作 90°或 135°弯折时，其弯曲内径不宜小于钢筋直径的 4 倍，平直部分长度应按设计要求规定；Ⅲ级钢筋末端需作 90°或 135°弯折，其弯曲内径不宜小于钢筋直径的 5 倍，平直部分长度应按设计要求规定。

（4）箍筋制作。用Ⅰ级钢筋或冷拔低碳钢丝制作的箍筋其末端应做弯钩、弯钩的弯曲内径应大于受力钢筋直径且不小于箍筋直径的 2.5 倍，弯曲的平直部分一般不宜小于箍筋直径的 5 倍。

（5）钢筋的连接。钢筋采用焊接接头时，设置在同一构件内的焊接接头应相互错开，在任一焊接接头中心至长度为钢筋直径 35 倍的区段内（不小于 500mm），同一根钢筋不得有两个接头。有接头的受力钢筋截面积占受力钢筋总截面积的百分率，非预应力钢筋在受拉区不宜超过 50%；受压区和装配式构件连接处不限制。

1）焊接接头距钢筋弯折处，不应小于钢筋直径的 10 倍，且不宜位于构件中的最大弯矩处。

2）普通混凝土中直径大于 22mm 的受拉钢筋接头宜采用焊接。

3）钢筋采用绑扎接头时，受力钢筋的绑扎接头位置应相互错开，从任一绑扎接头中心至搭接长度的 1.3 倍区段范围内，有绑扎接头的受力钢筋截面面积占受力钢筋总截面面积在受拉区不得超过 25%，受压区不得超过 50%。

4）钢筋的绑扎接头应符合下列规定：

搭接长度的末端与钢筋弯曲处的距离不得小于钢筋直径的 10 倍，接头不宜位于构件最大弯矩处。

受拉区域内Ⅰ级钢筋绑扎头的末端应做弯钩，Ⅱ、Ⅲ级钢筋可不做弯钩。

直径小于等于 12mm 的受压Ⅰ级钢筋的末端以及轴心受压构件中任意直径的受力钢筋的末端可不做弯钩但搭接长度不应小于钢筋直径的 30 倍。

钢筋搭接处应在中心和两端用铁丝扎牢，其绑扎长度应符合规定。

普通混凝土直径大于 22mm 的受拉钢筋不允许绑扎接头。

5）加工钢筋的允许偏差见表 5-1。

表 5-1   加工钢筋的允许偏差

项次	项　目	允许偏差（mm）
1	受力钢筋顺长度方向全长的净尺寸	±10
2	弯起钢筋的弯折位置	±20

（6）钢筋的安装。

1）配筋规格、数量、间距符合设计要求。

2）钢筋保护层（钢筋保护层是指钢筋外皮与基础边缘的距离，分主筋保护层和箍筋保护层，切注意不可错用）不小于设计值。

3）底盘钢筋保护层在钢筋上绑扎混凝土预制垫块或在钢筋与模板之间设置与保护层等厚板条，边浇筑混凝土边提升板条。

4）灌注桩钢筋保护层，在钢筋绑扎混凝土预制垫块。

5）上下层钢筋之间加支撑件并与钢筋绑扎牢固，保证上下层间距。

6）地脚螺栓在未安装前必须与图纸核对规格，确切注意同一基础中各腿使用不同规格地脚螺栓并应除锈去污，采用符合设计小根开要求的样架固定，用铁丝绑扎牢固，以防在浇筑时移动造成地脚螺栓松动。

绑扎网和绑扎骨架的允许偏差见表 5-2。

表 5-2   绑扎网和绑扎骨架的允许偏差

项　次	项　目		允许偏差（mm）
1	网的长度		±10
2	网眼尺寸		±20
3	骨架的宽及高		±5
4	骨架的长		±10
5	箍筋间距		±20
6	受力钢筋	间距	±10
		排距	±5

2. 模板安装

（1）对模板的基本要求如下所示：

1）保证基础各部形状尺寸。

2）具有足够的强度、刚度，即应采用刚性模板、钢模板厚度一般为 2.75mm，木模板的厚度应不小于 25mm。

3）模板上下之间接缝应相互错开，结合缝应严密不得漏浆，即其表面应平整，且接缝严密。

4）模板与混凝土的接触面应涂有效脱模隔离剂，以保证混凝土表面质量（即混凝土表面光滑）。

（2）模板安装。

1）正方形基础在整基基础对角线方向，以模板对角线与中心桩（位移桩）距离及模板长度（基础宽度）找正呈正方形，然后进行模板操平。

2）矩形基础钉出各腿基础对角线与顺线路方向交点桩（与分坑相同简称 45°桩），以此桩为准与横线路或顺线路方向夹角 45°定线，并以模板对角与 45°桩的距离与模板长度找正，然后进行模板操平。

3）插入式基础主柱在插入式基础主角钢操平找正后进行，以模板各边与主角钢等距进行立柱模板操平找正。

（3）模板支撑。

底座模板采用两点支撑，支撑点间水平距离，木模板为 50cm，钢模板适当加大。

立柱模板不少于两层支撑，主柱较高时采用多层支撑，相对面采用对称支撑，模板支撑不宜过长，在浇筑混凝土后模板不应弯曲变形。

模板上下层间支撑，木模板将两边模板延长，利用木模板自身支撑，钢模板通常采用在下层模板拐角固定角钢，上层模板安装在角钢之上，亦可利用模板自身支撑，用异形角模将上下层模板固定在一起，模板较长者，其下部用钢材支撑，防止向下弯曲。

灌注桩连梁模板支撑，模板承台必须牢固可靠，浇筑混凝土后保证不产生下沉，连梁与地面距离较小者可堆积土台，必须夯实。连梁与地面距离较大者需搭设承台，有足够的承载能力，并应进行承台设计，模板支撑应采用专用卡具，浇筑混凝土后卡具不得变形，卡具安装数量必须保证模板不变。

掏挖及嵌固式、承台或岩石基础模板支撑，坑口必须操平，模板操平找正，之后四周堆土石并进行夯实，防止模板变形。

现场浇筑基础应采取措施，防止泥土等杂物混入混凝土中。

3. 地脚螺栓及插入式主角钢安装

（1）安装前的检查。

1）地脚螺栓材质、直径、丝扣长度、螺栓长度应符合设计要求；外观质量、焊接质量符合要求；丝扣与螺母配合合适。

2）插入式主角钢材质、肢宽、厚度、长度、螺栓孔位、孔径、热镀锌长度符合设计要求；外观质量、焊接质量符合要求。

（2）地脚螺栓安装。

1）用地脚螺栓样板控制同组地脚螺栓间距，螺栓孔径略大于螺栓直径，装上地脚螺栓应有少量间隙，地脚螺栓操平找正之后，将样板固定在模板上；丝扣部分涂黄油并缠裹保护层防止混凝土进入丝扣；地脚螺栓操平找正之后，下端必须固定牢靠，且呈垂直状态。地脚螺栓的丝扣部分不得进入剪切面（与塔脚板底面处）。

2）地脚螺栓操平找正。正方形基础仪器置于中心桩或位移桩，矩形基础仪器置于 45°桩，对准横线路或顺线路方向辅助桩，转角 45°在坑口对角以外钉检测桩，两检测桩拉老弦，正方形基础以半对角线长，矩形基础上 45°分角线长，量尺画印确定同组地脚螺栓中心及对角螺栓位置，以此找正同组地脚螺栓，四腿地脚螺栓找正后，以基础根开，对角线尺寸进行闭合测量。

3）地脚螺栓操平，各腿地脚螺栓找正之后进行各腿间地脚螺栓相对高差测量、调整螺栓露出样板高度使高差符合要求，高低腿基础各腿的高差还应符合设计要求。

（3）插入式主角钢安装。

1）铁塔主材（即主角钢）直接插入混凝土而形成的铁塔基础称为主角钢插入式基础或称角钢斜插式基础，它改善了基础受力，降低工程造价，取消地脚螺栓，构造简单，但对施工精确度有严格的要求，其根开及对角线尺寸允许偏差为 ±1‰，比地脚螺栓式基础（允许值为 ±2‰）提高一倍，主角钢插入式基础由于构造上的需要，设计为斜柱基础，其模板制作与安装同斜柱基础。由于角钢数量的不同分为单角钢插入式和双角钢（多为转角塔基础）插入式两种。

2）一般情况下，主角钢插入式基础的主角直插至基础底板，但也有的工程设计中将主角钢只插至基础埋深的中间位置（称为主角钢悬浮插入式基础）后者施工尺寸的控制较困难，采取的措施一般是用小角钢接长主角钢的办法，使主角钢能稳固地竖立在基础底部的混凝土垫块上，也有的施工单位采用铁线悬吊主角钢下端使其呈悬浮状态进行控制。

3）由于各施工单位的主角钢找正方法不断更新，插入式角钢基础找正质量不断提高，1990 年版规范提出"主角钢应连同铁塔最下段结构组装找正"的方法已基本不用，故取消此规定。2005 年版规范只强调了找正后必须保证整基基础几何尺寸符合设计规定。

4. 混凝土施工

（1）混凝土的基本知识。送电线路的杆塔基础，不论类型如何变化，它们都是由混凝土和钢筋两部分组成，混凝土和钢筋的强度决定着基础的强度、耐久性。混凝土是以水泥、砂、石（砂、石料简称骨料，下同）与水混合后硬化而成的人工石材，它在力学性能上的优点是抗压能力强，它的缺点是性脆易裂。

1）混凝土按其质量密度（即容重）分为以下四类：

a. 特重混凝土。密度大于 $2600kg/m^3$ 掺有钢屑、重金属为骨料的混凝土。

b. 重混凝土。密度为 $2100\sim2600kg/m^3$ 以普通砂、石为骨料的混凝土。

c. 稍轻混凝土。密度为 $1900\sim2100kg/m^3$ 掺有碎砖、炉渣为骨料的混凝土。

d. 轻混凝土。密度为 $1000\sim1900kg/m^3$ 掺有陶瓷粒、炉渣为骨料的混凝土。

杆塔基础使用的混凝土为重混凝土、新拌制的混凝土密度一般取值为 $2400kg/m^3$。

2）混凝土的强度等级是表示混凝土抗压强度的大小。混凝土强度等级是以立方体抗压强度标准值确定，即按照标准方法制作养护的边长为 150mm 的立方体试件在 28 天龄期，用标准试验方法测得的具有 95％保证率的抗压强度。实际施工允许采用的混凝土立主体试件的最小尺寸应根据骨料最大粒径确定，当采用非标准尺寸试件时应将其抗压强度值乘以折算系数见表 5-3，换算到标准尺寸试件时抗压强度值见表 5-4。

表 5-3 不同试件尺寸折算系数

试件尺寸（mm）	100×100×100	150×150×150	200×200×200
折算系数	骨料粒径≤31.5 0.95	骨料粒径≤40 1.0	骨料粒径≤63 1.05

表 5-4 混 凝 土 强 度 标 准 值 （N/mm³）

强度种类	混凝土强度等级											
	C7.5	C10	C15	C20	C25	C30	C35	C40	C45	C50	C55	C60
轴心抗压	5.0	6.7	10	13.5	17	20	23.5	27	29.5	32	34	36
弯曲抗压	5.5	7.5	11	15.0	18.5	22	26	29.5	32.5	35	37.5	39.5
抗拉	0.75	0.9	1.2	1.5	1.75	2.00	2.25	2.45	2.6	2.75	2.85	2.95

3）混凝土的强度等级是设计上一项重要的力学特性指标，是杆塔基础验收的关键项目。混凝土强度等级的要求是素混凝土基础的混凝土强度等级不宜低于C10；钢筋混凝土基础的混凝土强度等级不宜低于C15；当采用Ⅱ、Ⅲ级钢筋现浇的混凝土基础或预制混凝土构件时，混凝土强度等级不宜低于C20。

混凝土在开始养护后以任一天的强度可以近似估算出28天的抗压强度。

近似计算公式为

$$R_{28} = R_n \frac{\lg 28}{\lg n} = R_n K_n \tag{5-1}$$

式中　R_{28}——养护28天的混凝土抗压强度，MPa；

　　　R_n——养护n天的混凝土抗压强度，MPa；

　　　n——养护天数；

　　　K_n——换算成28天混凝土强度的折算系数，可根据水泥品种，强度拌制的混凝土强度增长曲线（20℃）而查得，如以42.5水泥拌制的混凝土，换算成28天混凝土强度的折算系数（20℃），见表5-5。

表5-5　　　　　　　　水泥品种混凝土强度的折算系数　　　　　　　（20℃）

养护天数（天）	3	5	7	10	15	20	28
普通水泥	2.38	1.85	1.59	1.33	1.15	1.05	1.00
矿渣水泥	5.00	3.13	2.38	1.85	1.35	1.16	1.00

工作中常碰到的是超龄期试块的抗压强度需换算到28天的强度或是用3天、7天试块的抗压强度推算28天的抗压强度问题，所以一般情况下无需查找K_n值，表5-5只供参考用。

4）混凝土强度增长与水泥品种、强度、硬化时间的温度有关，摘录表5-6供参考。

表5-6　　　　　　　混凝土在不同温度下硬化时的强度增长百分率

水泥种类	混凝土硬化时间（天）	混凝土硬化时的平均温度（℃）							
		1	5	10	15	20	25	30	35
32.5普通水泥	3	17	22	30	35	42	48	50	55
	5	21	30	35	45	50	55	60	65
	7	27	35	45	50	58	62	70	75
	10	35	45	53	60	70	76	80	85
	15	45	55	63	72	80	90		
	28	60	70	80	90	100			

水泥种类	混凝土硬化时间（天）	混凝土硬化时的平均温度（℃）							
		1	5	10	15	20	25	30	35
32.5矿渣及火山灰水泥	3	5	8	12	15	22	28	35	45
	5	11	15	22	28	35	42	50	60
	7	15	25	32	35	45	53	62	70
	10	20	35	42	50	58	68	75	85
	15	30	43	55	65	72	82	90	
	28	40	62	75	90	100			
42.5普通水泥	3	15	20	25	32	38	42	48	52
	5	26	30	38	45	52	57	62	67
	7	32	40	48	55	62	68	72	75
	10	40	50	60	68	75	78	82	85
	15	52	62	72	80	90			
	28	68	78	85	90	100			
42.5矿渣及火山灰水泥	3	5	10	15	20	23	25	33	40
	5	12	16	25	30	35	40	45	52
	7	15	23	32	40	45	50	55	62
	10	23	34	45	52	58	63	68	75
	15	34	45	60	68	75	78	85	90
	28	45	65	80	90	100			

5）影响混凝土强度的几个因素。

a. 水泥的强度等级，在其他条件近似相同时水泥强度高，它配制的混凝土强度就高。

b. 水灰比，在正常情况下，水灰比小（不是过小）混凝土强度就高，反之，强度就低。

c. 骨料，骨料在混凝土中约占其体积的 80%，正确选择骨料颗粒组成，以减少骨料间的空隙容积，可以提高混凝土的密实度和强度。

d. 砂率，砂率是指砂在砂石中所含的质量，砂率一般控制在 35% 左右，不能偏大，也不能偏小。

e. 浇制和振捣：混凝土的强度与浇制、振捣方法密切相关，搅拌必须均匀，浇注必须分层，表面振捣时层厚不宜大于 200mm，插入式振捣时层厚应不大于振动棒长的 1.25 倍；人工振捣时视钢筋布置层厚，宜不大于 150～250mm。

f. 养护。混凝土强度的发展取决于混凝土养护时的湿度、温度及龄期（养护天数）等条件，养护对混凝土施工是一个不可缺少和疏忽的子工序。

g. 混凝土的和易性好即搅拌后的混凝土不太干也不太稀，是易于操作和保证混凝土质量的重要条件，和易性的好坏一般以塌落度来鉴别。量取塌落度大小的器具是专门制作的塌落度筒。

h. 密实度是混凝土重要性能。混凝土的强度、抗渗性及耐久性，在很大程度上取决于混凝土的密实度。由于硬化的混凝土，水分已蒸发。因此不可能是绝对密实的。密实度的大小一般以混凝土的空隙率推算。空隙率按式（5-2）计算

$$\beta = w - \frac{K_R W_R}{1000} \times 100 \tag{5-2}$$

式中　β——混凝土的空隙率，%；

　　　w——单位立方混凝土的用水量，kg/m³；

　　　W_R——单位立方混凝土的水泥用量，kg/m³；

　　　K_R——水泥固化的用水率，一般取值为 0.1（即 28 天龄期，水泥所结合的水约为其质量的 10%）。

（2）混凝土配合比的设计选择。

1）基础浇筑前应按设计混凝土强度等级和现场浇筑使用的砂、石、水泥等原材料并根据国家现行标准 JGJ 55—2011《普通混凝土配合比设计规程》进行试配来确定混凝土配合比。

2）混凝土配合比应根据设计规定的混凝土强度等级及混凝土施工的和易性要求确定，普通混凝土的配合比应按 JGJ 55—2011《普通混凝土配合比设计规程》和 GB 50204—2002《混凝土结构工程施工及验收规范（2010 年版）》进行计算并通过试配确定。

3）混凝土的施工配制强度可按式（5-3）确定

$$f_{cu.o} = f_{cu.k} + 1.645\sigma \tag{5-3}$$

式中　$f_{cu.o}$——混凝土的施工配制强度，MPa；

　　　$f_{cu.k}$——设计的混凝土强度标准值，MPa；

　　　σ——施工单位的混凝土强度标准差，MPa。

施工单位的混凝土强度标准差按式（5-4）计算：（条件为施工单位具有近期的同一种混凝土强度资料时）

$$\sigma = \sqrt{\frac{\sum_{z=1}^{n} f_{cu.i}^2 - nM_{icu}^2}{n-1}} \tag{5-4}$$

式中　$f_{cu.i}$——统计周期内同一品种混凝土第 i 组试件的强度值，N/mm²；

M_{icu}——统计周期内同一品种混凝土 N 组强度的平均值，N/mm^2；

n——统计周期内同一品种混凝土试件的总组数，$n \geqslant 25$。

送电线路现场浇筑的混凝土基础统计周期依实际情况确定，但不宜超过 3 个月。当混凝土强度为 C20 或 C25 时，如计算得 $\sigma > 2.5$ 时取 $\sigma = 2.5$；当混凝土强度等级高于 C25 时，如计算得 $\sigma < 3.0$，则取 $\sigma = 3.0$。当施工单位不具有近期的同一品种混凝土强度资料，其 σ 值可按表 5-7 取用。

表 5-7 推 荐 的 σ 值

混凝土强度等级	<C20	C30～C35	>C35
σ	4.0	5.0	6.0

根据公式（5-4）计算得出在不同设计强度标准值及不同标准差下的施工配制混凝土强度见表 5-8。

表 5-8 混凝土施工配制强度 （MPa）

$f_{cu,k}$ \ σ	2.0	2.5	3.0	4.0	5.0	6.0	$f_{cu,k}$ \ σ	2.0	2.5	3.0	4.0	5.0	6.0
C7.5	10.8	11.6	12.4	14.1	15.7	17.4	C20	23.3	24.1	24.6	26.6	28.2	29.0
C10	13.3	14.1	14.9	16.6	18.2	19.9	C25	28.3	29.1	29.9	31.6	33.2	34.9
C15	18.3	19.1	19.9	21.6	23.2	24.9	C30	33.3	34.1	34.9	36.6	38.2	39.9

4）混凝土的最大水灰比和最小水泥用量应符合表 5-9 之规定。

表 5-9 混凝土的最大水灰比和最小水泥用量

环境条件		最大水灰比		普通混凝土最小水泥用量（kg/m³）	
		配筋	无筋	配筋	无筋
干燥环境		0.65	不作规定	260	200
潮湿环境	无冻害	0.60	0.7	280	225
	有冻害	0.55	0.55	280	250

5）混凝土浇筑时的塌落度宜按表 5-10 使用。

表 5-10 混凝土浇筑时的塌落度 （mm）

结构种类	塌落度
基础或地面的垫层、无筋大体积混凝土配筋稀疏的混凝土	10～30
基础的主柱、配筋较多的混凝土柱、板	30～50
配筋稠密的混凝土柱、板、梁	50～70
配筋特密的混凝土柱、板、梁	70～90

6）当水灰比在 0.4～0.8 范围时，根据骨料品种粒径及施工要求的混凝土塌落度，用水量可按表 5-11 选取。

表 5-11 普通混凝土的用水量 （kg/m³）

混凝土塌落度（mm）	卵石最大粒径（mm）			碎石最大粒径（mm）			混凝土塌落度（mm）	卵石最大粒径（mm）			碎石最大粒径（mm）		
	10	20	40	10	20	40		10	20	40	10	20	40
10～30	190	170	150	200	185	165	50～70	210	190	170	220	205	185
30～50	200	180	160	210	195	175	70～90	215	195	175	230	215	195

注 1. 用水量按采用中砂的平均取值，当采用细砂时，每立方混凝土用水量可增加 5～10kg，采用粗砂则可减少 5%～10%。
2. 掺用各种外加剂或掺合料时，用水量应相应调整。

7）混凝土的塌落度为 10～60mm 时，混凝土的砂率（砂与骨料总量的重量比）可根据粗骨料的品种、粒径及水灰比按表 5-12 选取。

表 5-12 混凝土的砂率 （%）

水灰比（w/c）	卵石最大粒径（mm）			碎石最大粒径（mm）		
	10	20	40	10	20	40
0.4	26～32	25～31	24～30	30～35	29～34	27～32
0.5	30～35	29～34	28～33	33～38	32～37	30～35
0.6	33～38	32～37	31～36	36～41	35～40	33～38
0.7	36～41	35～40	34～39	39～44	38～43	36～41

注 数值系指对中砂选的砂率；对细砂或粗砂可相应地减少或增大砂率，只用一个单粒级配粗骨料时，砂率应适当增大。

（3）混凝土的浇制与振捣。

现场混凝土的浇制包括三个连续不能间断的小工序，搅拌混凝土、向基础坑内浇灌混凝土和捣固混凝土。规范规定现场浇筑混凝土应采用机械搅拌、机械捣固，个别特殊地形无法机械搅拌时，应有专门的质量保证措施。

1）搅拌混凝土。搅拌混凝土有人工搅拌和机械搅拌两种方法，可根据现场地形、混凝土量大小、设备条件等选用。如果工程招标书内要求机械搅拌时，则必须用机械搅拌，若采用人工搅拌应取得有关单位的同意。

a. 机械搅拌采用混凝土搅拌机（有电动及机动两种），使用搅拌机前应将滚筒内浮渣清洗干净，启动机器转动正常后才能投料，投料的顺序是砂、水泥、石子最后加水，搅拌时间以 2min 为宜，但不应少于 90s，搅拌机使用完毕或中途停机时间较长时，必须在旋转中用清水冲洗滚筒然后再停机。

b. 人工搅拌混凝土应用平锹，在不小于 3 块厚度 2mm 的 1m×1.5m 铁板上操作，铺好的铁板，三面略高靠坑口面略低，形成拌板，搅拌一般采用"三干四湿"的方法，即水泥和砂干拌两次，加入石料后干拌一次，然后加水湿拌四次（至少三次）达到混凝土搅拌均匀的目的。

2）浇灌混凝土。

a. 浇灌混凝土前应清除坑内泥土，杂物和积水，检查地脚螺栓及钢筋应符合设计要求，检查模板有无缝隙，必要时应用胶带等封堵。

b. 混凝土下料时，先从主柱中心开始，逐渐延伸至四周，应避免将钢筋向一侧挤压变形，应听从坑内捣固人员指挥，不得东丢西掷。

c. 混凝土自高处倾落的自由高度，不应超过 2m。在竖向结构中浇筑混凝土时，混凝土投料后不应发生离析现象。如浇筑高度超过 3m 时，浇灌时可沿模板内侧放置一个溜滑混凝土坡道的铁板，使混凝土沿坡道流向模板内或采用串管，溜管等技术措施。

d. 浇筑混凝土应连续进行，如必须停歇时，间歇时间应尽量缩短，并应在前层混凝土初凝之前，将后层混凝土浇灌完毕。间歇的最长时间，应按所用水泥的品种及混凝土凝结条件确定，混凝土从搅拌机卸出到混凝土浇筑完毕的延续时间一般应不超过表 5-13 规定。

表 5-13　　　　　　混凝土从搅拌机卸出到混凝土浇筑完毕的延续时间

混凝土强度等级	气温（℃）	
	≤25	>25
≤C30	120min	90min
>C30	90min	60min

e. 混凝土在运输过程中应保持其匀质性，如在运至浇筑地点有离析现象必须在浇筑前进行二次搅拌，如间歇时间超过规定时间，按二次浇筑处理，并应符合下列规定：

（a）已浇筑的混凝土其抗压强度不应小于 1.2MPa。

（b）在已硬化的混凝土表面上，应清除水泥薄膜和松动石子或软弱混凝土层，冲洗干净并不得积水。

（c）在浇筑前，施工缝处宜先铺一层水泥砂浆或与混凝土成分相同的水泥砂浆。

（d）混凝土应细致捣实，使新旧混凝土紧密结合。

f. 下雨天不宜露天搅拌和浇灌混凝土，如果浇灌，必须及时覆盖，防止雨水冲刷和增大水灰比。

3）捣固混凝土。混凝土应分层捣固，每层厚度的范围为人工捣固时一般为 250mm 及以下；在配筋密集的结构中为 150mm；机械捣固时，平板振捣器为 200mm，插入式振捣器为振动棒长的 1.25 倍。铁塔地脚螺栓周围应捣固密实。

使用振捣器有两种操作方法：一种是垂直地面插入振捣，另一种是斜向插入振捣，应根据混凝土基础部位合理选择操作方法。立柱宜用垂直插入法，底板或掏挖型基础的扩大头宜用斜向插入法。

a. 用插入式振捣器捣固混凝土。

（a）使用振捣器应当快插慢拔，插点均匀排列，逐点移动，有序进行。插点不得遗漏，要求均匀振实。

（b）振捣器的移动间距应不大于作用半径的 1.5 倍，一般为 300～400mm。

（c）每一位置的振捣时间，应能保证混凝土获得足够的振实程度，以混凝土表面呈现水泥浆和不再出现气泡，不再显著沉落为止。一般每次宜 20～30s，不允许捣固过久，否则会漏浆。

（d）振捣上层混凝土时，应插入下一层混凝土 30～50mm 以消除两层间的接合缝，上层捣固好后，不允许反过来再捣固下层。

（e）振捣器应由有混凝土施工经验的技术工人操作，并设监护人检查。

b. 人工捣固混凝土。

（a）应使用扁头捣固钢钎，其长度应满足混凝土深度要求和方便操作。

（b）应分层插捣，由高处向低处均匀布点，顺序进行，直到出现水泥浆为止。

（c）捣固人员应明确分工，互相配合，严防出现漏捣角落。

（d）对层间接合处，立柱四角边缘等不易捣实的拐角处，必须用扁头捣固钎多插几回。如果砂浆少，可适当增补砂浆。主柱与上层阶台之间易出现蜂窝和狗洞，主要是漏浆造成，为此必须加强捣固。底板的混凝土料基本填满后，应在主柱模板外侧压一层牛皮纸并用砂料袋压紧，防止因内侧捣固造成砂浆流失。

c. 混凝土捣固应注意的事项如下：

（a）注意模板及支撑木是否有变形、下沉、移动及漏浆等现象，发现后立即处理。

（b）注意钢筋笼与四面模板应保持一定距离，严防露筋。

（c）注意地脚螺栓及插入式基础的主角钢位置正确。

（d）基础浇灌完毕后，拆去地脚螺栓的丝扣保护套，再一次检查地脚螺栓根开和同组地脚螺栓中心对主柱中心的偏移，检查基础根开及对角线等尺寸是否符合设计要求，超出允许误差的应在混凝土初凝前调整合格并在其周围灌浆。

4）基础抹面。整基基础混凝土浇灌完毕后，应及时抹面。可在尚有水泥浆的基础面上撒上少许水泥，用灰批抹光。抹面有两种做法：一种是基础浇灌完后。混凝土初凝之前抹面，另一种是拆模后再抹面。后者应予留抹面的混凝土层高度（一般为 20～30mm）。基础顶面打毛、洗净，再抹砂浆。抹面后检查四个基础面间的高低差应不超过 5mm，根据施工实践，第一种做法效果较好。

5）搅拌混凝土过程中的质量检查。

a. 塌落度。每班日或每个基础腿应检查两次及以上，严格控制水灰比。

b. 配含比。每班日或每基基础至少检查两次，以保证配合比符合施工技术设计规定，其用料偏差范围为水泥、外掺混合材料、水、外加剂溶液±2％；粗细骨料±3％。

c. 试块。应在现场从浇筑中的混凝土取样制作，以试块 28 天龄期的抗压强度为依据，检查混凝土是否达到设计强度，其养护条件应与基础基本相同。根据 GB 50204—2002《混凝土结构工程施工及验收规范》第 7.4.1 条 5 款规定"每次取样至少留置一组标准养护试件。同条件养护试件的留置组数应根据实际需要确定。"

d. 试块制作数量应符合下列规定：

（a）转角、耐张、终端、换位塔及直线转角塔基础每基应取一组。

（b）一般直线塔基础，同一施工队（1990 年版规范为同一班组）每 5 基或不满 5 基应取一组，单基或连续浇筑混凝土量超过 100m³ 时亦应取一组。

（c）按大跨越设计的直线塔基础及拉线基础。每腿应取一组，但当基础混凝土量不超过同工程中大转角或终端塔基础时，则应每基取一组。

（d）当原材料变化，配合比变更时应另外制作。

（e）当需要作其他强度鉴定时，外加试块的组数由各工程自定。

试块采用钢质试块盒制作，试块盒边长 15cm，浇灌分两层捣固。每层捣固次数为 25 次。试块应在 28 天龄期时，由具备相应资质的试验机构进行试验。

e. 掺入大块石（毛石）。断面较大且配筋较少的基础，在征得现场设计代表同意的前提下，可以在浇灌混凝土过程中掺入适量毛石，且应符合下列要求：

（a）毛石必须是质地坚硬的硬质岩石，且不得有裂缝，夹层；毛石必须洁净，毛石粒径不应小于 150mm，但也不应大于结构最小尺寸的 1/3。

（b）毛石应分层放入，底部和上部应有厚度为 100mm 以上的混凝土覆盖层，毛石与模板的距离不小于 150mm，毛石与毛石之间应不小于 100mm，毛石与钢筋、地脚螺栓不得接触。

（c）掺入毛石总量不应超过允许掺毛石部分混凝土体积的 25%。

f. 基础浇制后的现场清理，做到工完料尽场地清。工具集中，拌板或搅拌机清洗干净，为下一基础浇制做好准备；砂，石料清理集中，除留够基础保护帽需用外，多余的砂、石料应运走或作护坡用，清理多余或散落在模板及支撑上的浆石，以免造成拆模困难，减少模板的损坏；多余的浆石不得随意堆集在混凝土基础之上。

（4）混凝土养护。混凝土强度的发展，取决于混凝土养护时的湿度、温度及龄期（养护天数）。这是一件不可缺少和疏忽的工作。混凝土的养护方法一般有两种，一种是淋水养护，另一种是用过氯乙烯塑料薄膜养护。淋水是常用的养护方法，简单易行，而用塑料薄膜养护适用于高山缺水地区。

1）淋水养护。混凝土浇灌完毕后应在 12h 内开始浇水养护。当天气炎热、干燥有风时，应在 3h 内开始养护。养护的方法是在混凝土表面覆盖草袋和淋水，即主柱顶部用草袋或砂子等覆盖并浇水，使基础表面经常保持湿润。养护用水与拌合混凝土用水要求相同。基础经拆模表面检查合格后应立即回填，外露部分加盖遮物继续浇水养护，养护时应使遮盖物及基础周围的土始终保持湿润。

当日平均温度低于 5℃时，不得露天浇水，而应采用暖棚养护方法。即在混凝土基础上方搭设密封帐篷，内设火源，在基础表面浇水养护，但必须注意防火。棚内人员不得睡觉，对于普通硅酸盐和矿渣硅酸盐水泥拌制的混凝土浇水养护不得少于 7 昼夜（原规范为 5 昼夜，现与 GB 50204—2002《混凝土结构工程施工及验收规范》相一致）。当使用其他品种水泥和大体积基础时，按有关规定处理。

2）过氯乙烯塑料薄膜养护。

a. 原理。混凝土强度的增长主要靠其中作为胶结料的水泥不断水化。凝固硬化而获得，水泥水化需要的用水量约为其重量的 20% 左右，但在施工过程中为了搅拌、浇灌、振捣成型方便，通常用水量要达到水泥重量的 60% 左右以便混凝土保持一定的流动度和满足配合比设计强度的要求，这样混凝土中将有 2/3 左右的水分对于水泥水化来说是多余的。

混凝土硬化过程中少部分水使水泥发生水化作用，另外大部分水则由外界风力、气温、湿度的影响逐渐蒸发而损失。因混凝土硬化过程十分缓慢，需要几十天才能基本完成，可是水分蒸发却非常迅速，如果不及时给予补充，将会使混凝土失水影响其强度的正常增长，并加大其收缩变形。为此施工验收规范规定为保证已灌筑的混凝土有适宜的硬化条件，防止其不正常的收缩，混凝土浇筑后应加以覆盖和淋水,养护时间不少于5~10天。塑料薄膜养护的原理就是在潮湿的混凝土表面上人为地造成一层不透气的薄膜。使混凝土与外界空气隔绝,不使其中的水分蒸发,靠混凝土搅拌过程中所加的水量来完成水泥硬化达到养护的目的。

b. 配方。过氯乙烯树脂(基料)10%,粗苯(溶剂)86%,苯二甲酸丁二酯(增韧剂)3%,丙酮(助溶剂)1%。

c. 配制方法。根据容器的大小先将一定量的粗苯倒入容器内(用缸或汽油桶),并按配合比例算出树脂、丁二酯和丙酮的重量,然后把丁二酯和丙酮倒入粗苯内,最后边加树脂边搅拌,直到树脂加完,这时熔液逐渐变稠。由于树脂溶解较慢,不可能立即化开,以后隔10~20min搅拌一次,直到溶液内颜色一致没有悬浮颗粒为止。一般需2~3h。因粗苯等挥发性特别强,除了搅拌外容器必须严加密封。

d. 涂刷方法。用密封的白铁皮小桶,把已配合的树脂溶液带到工地备用,另准备一只小桶和一把油刷,用一桶倒一桶,涂刷时间应控制在主柱顶面抹平,侧面钢模拆除后立即进行,涂刷后不再淋水养护。

涂刷程序和方向一般是自上而下,自左到右地进行,刷子不可拉得太长,以免造成漏刷使薄膜不完整,刷过后由于溶剂挥发很快,混凝土表面出现的颜色不一致是正常的用不着补刷。

(5)拆模。

1)拆模。拆模前应通知监理代表和工程项目部质检员到现场检查作出合格、不合格或修补的决定。混凝土经过养护,侧模板在混凝土强度能保证其表面及棱角不因拆模板而受损坏时,即可拆模,一般情况下,拆模的最少养护天数参见表5-14的要求。

表 5-14　　　　　　　　　混凝土拆模最少养护天数

混凝土达到设计强度的%	混凝土强度等级	日平均气温(℃)						适用水泥种类
		+5	+10	+15	+20	+25	+30	
25	C15	4	3	2	2	2	2	普通水泥
	C20	3	2	2	2	2	2	
	C15	7	6	5	4	3	2.5	矿渣水泥或火山灰水泥
	C20	6	5	4	3.5	3	2	

a. 承力模板的拆除天数,应符合设计的强度要求,在混凝土强度达到设计强度的75%以上时,方准拆模。

b. 拆模后基础表面有小蜂窝、麻面,但不普遍且深度不大于20mm,可将缺陷处表面打毛洗净,再用1:2或1:2.5水泥砂浆抹平。

c. 拆模后基础表面有较大面积的蜂窝，露石和露筋，应按其深度全部凿去薄弱的混凝土层和个别突出的骨料颗粒，然后用钢丝刷或加压水洗刷表面，再用细骨料混凝土（比原混凝土强度等级提高一级）填塞，并仔细捣实。

d. 拆模后发现减弱混凝土承重构件截面的狗洞及大蜂窝，必须会同设计代表和监理代表研究处理。

e. 对于转角塔、终端塔为保证架线后铁塔不向受力侧倾斜，应使受压腿基础顶面稍高于受拉腿基础顶面，四个基墩的顶面应抹平呈一个斜面。

2）允许偏差。

a. 浇筑基础应表面平整，单腿尺寸允许偏差应符合下列规定：

（a）保护层厚度为－5mm。

（b）立柱及各底座断面尺寸为－1％。

（c）同组地脚螺栓对立柱中心偏移为10mm。

（d）地脚螺栓露出混凝土面高度为＋10mm，－5mm。

b. 浇筑拉线基础的允许偏差应符合下列规定：

（a）断面尺寸为－1％。

（b）拉环中心与设计位置的偏移为20mm。

（c）拉环中心在拉线方向前、后、左、右与设计位置的偏移为1％L（L为拉环中心至杆塔拉线固定点的水平距离）。

（d）X型拉线基础位置应符合设计规定并保证杆塔组立后交叉的拉线不磨碰。

c. 整基铁塔基础回填土夯实后尺寸允许偏差应符合表5-15的规定。

表 5-15 　　　　　　　　　整基基础尺寸施工允许偏差

项　　目		地脚螺栓式		主角钢插入式		高塔基础
		直线	转角	直线	转角	
整基基础中心与中心桩间的位移（mm）	横线路方向	30	30	30	30	30
	顺线路方向	—	30	—	30	—
基础根开及对角线尺寸（‰）		±2		±1		±0.7
基础顶面或主角钢操平印记间相对高差（mm）		5		5		5
整基基础扭转（′）		10		10		5

注　1. 转角塔基础的横线路是指内角平分线方向，顺线路方向是指转角平分线方向。
　　2. 基础根开及对角线是指同组地脚螺栓中心之间或塔腿主角钢准线间的水平距离。
　　3. 相对高差是指地脚螺栓基础抹面后的相对高差或插入式基础的操平印记的相对高差。转角塔及终端塔有予偏时，基础顶面相对高差不受5mm限制。
　　4. 高低腿基础顶面标高差是指与设计标高之比。
　　5. 高塔是指按大跨越设计，塔高在100m以上的铁塔。（1990年版规范为80m以上。）

5.3 钻孔灌注桩基础

灌注桩基础已在线路工程中广泛采用，所以 2005 年版规范增加了这部分内容，桩基础是用承台或梁将桩联系起来以承受基础以上荷载的一种基础型式，在铁塔基础中也有一座铁塔为一根单桩加承台的独立桩基础。

5.3.1 桩基础的分类

桩基础的分类如图 5-2 所示。

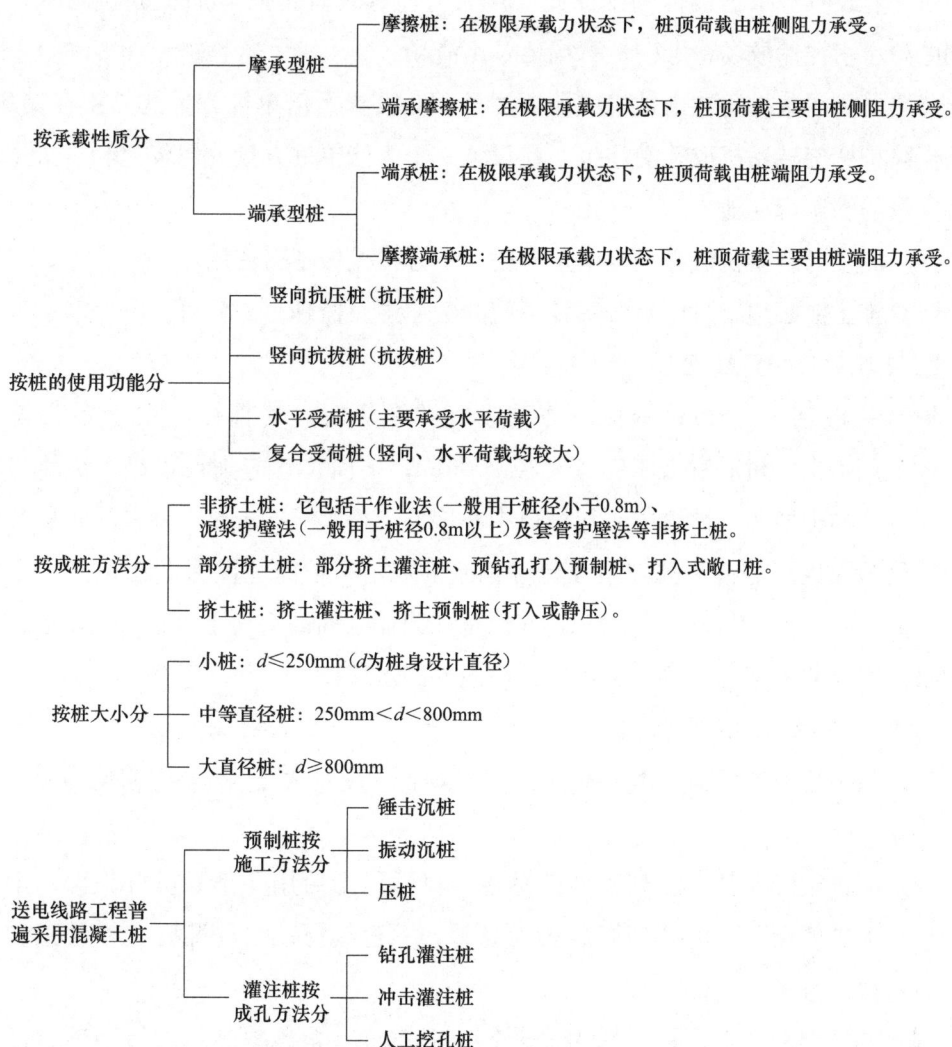

按承载性质分
- 摩承型桩
  - 摩擦桩：在极限承载力状态下，桩顶荷载由桩侧阻力承受。
  - 端承摩擦桩：在极限承载力状态下，桩顶荷载主要由桩侧阻力承受。
- 端承型桩
  - 端承桩：在极限承载力状态下，桩顶荷载由桩端阻力承受。
  - 摩擦端承桩：在极限承载力状态下，桩顶荷载主要由桩端阻力承受。

按桩的使用功能分
- 竖向抗压桩（抗压桩）
- 竖向抗拔桩（抗拔桩）
- 水平受荷桩（主要承受水平荷载）
- 复合受荷桩（竖向、水平荷载均较大）

按成桩方法分
- 非挤土桩：它包括干作业法（一般用于桩径小于0.8m）、泥浆护壁法（一般用于桩径0.8m以上）及套管护壁法等非挤土桩。
- 部分挤土桩：部分挤土灌注桩、预钻孔打入预制桩、打入式敞口桩。
- 挤土桩：挤土灌注桩、挤土预制桩（打入或静压）。

按桩大小分
- 小桩：$d \leqslant 250mm$（d为桩身设计直径）
- 中等直径桩：$250mm < d < 800mm$
- 大直径桩：$d \geqslant 800mm$

送电线路工程普遍采用混凝土桩
- 预制桩按施工方法分
  - 锤击沉桩
  - 振动沉桩
  - 压桩
- 灌注桩按成孔方法分
  - 钻孔灌注桩
  - 冲击灌注桩
  - 人工挖孔桩

图 5-2 桩基础的分类

线路工程中常用的是泥浆护壁钻孔灌注桩和混凝土护壁的人孔控孔灌注桩。

5.3.2 钻孔灌注桩现场准备

1. 施工前的准备工作

（1）平整场地。包括按中心桩施工基面将基础施工范围内铲平整，清除地面上下的障碍物，修通进场汽车便道，以便汽车、钻机等进场。

（2）安装供水管路及供电线路。

（3）按设计图纸要求进行分坑测量，在不受桩基础施工影响的地点、设置桩轴线和标高控制桩并做好记录。

（4）灌注桩应根据设计的钢筋笼长度及分段、设置钢筋笼加工棚，还应设置备用电源、水泥储放场、堆砂、石场地及出渣场。

（5）采用泥浆护壁冲击钻机成孔灌注桩，应设置2倍单桩方量的黏土存储场，采用泥浆护壁旋转钻机成孔灌注桩，应设置一个3倍单桩方量的泥浆池和一个2倍单桩方量的泥浆沉淀池。

（6）成桩的装备机械必须经鉴定合格，不合格机械不得使用。

（7）施工前必须编写施工方案及措施并经业主及监理审查认可。

2. 灌注桩的护筒埋设

护筒一般用4～8mm钢板制作。用旋转钻机时，其直径应大于钻头直径100mm；用冲击钻机时宜大于钻头直径200mm；护筒位置应埋设正确，护筒与坑壁之间应用黏土填实。护筒中心与桩位中心偏差不得大于50mm，单桩基础护筒偏差应满足验收规范中整基基础尺寸允许偏差的规定；护筒埋设深度在黏土中不宜小于1m。在砂土中不宜小于1.5m，并保持孔内泥浆面高出地下水位1m以上，受江河水位影响的桩基础，应严格控制护筒内外的水位差。

3. 用于制浆的黏土要求

（1）黏土技术指标为胶体率不低于95%，含砂率不大于4%，造浆能力不低于2.5L/kg。

（2）应选用野外具有下列特性的黏土。自然风干后用手不易扒开捏碎；干土破碎后有尖硬的棱角，用刀切开后表面光滑、颜色较深、水浸湿后有粘骨感和成泥块后易搓成直径1mm的细长泥条。

制浆的性能和技术指标一般由泥浆密度、黏度、含砂率、胶体等四项指标来确定，调制钻孔泥浆时，根据钻孔的方法，地质状况及桩本身条件等选用不同泥浆性能指标，一般可参照表5-16选用。

表 5-16 钻孔用泥浆性能指标

地质情况	密度	黏度（S）	含砂率（%）	胶体率（%）
一般地质	1.1～1.3	16～22	<4～8	>95
松散易坍地质	1.4～1.6	19～28	<4～8	>95

注 1. 正循环旋转钻、冲击钻用上限，反循环旋转钻用下限。
　　2. 土层砂性大用上限，黏性大用下限。
　　3. 地质较好，孔径较小，桩较短者用上限，反之用下限。

5.3.3 钻机的成孔及清孔

采用旋转钻机进行钻孔施工是送电线路桩基础施工常用方法，因为它适用于任何地质条件，只是对不同地质的地层应采用不同的钻头，根据 2001 年 2 月北京送电电路技术研讨会交流资料，王超、王喜民《浅谈输电线路灌注桩基础施工》提供经验见表 5-17。

表 5-17 钻头施工适用于的地质条件

地质条件	黏土、粉土、强风化岩	中粗砂砾	砾石、卵石、弧石	弱风化软质岩石
钻头名称	刮刀钻头	焊齿钻头	滚刀钻头	牙轮钻头

1. 成孔方法

旋转钻机成孔一般有两种方法，根据地质条件和施工习惯选择。

（1）正循环钻进成孔其原理示意如图 5-3 所示。它适用于黏土、淤泥质土、强风化岩石等地质条件，一般工效较低。

（2）反循环钻进成孔。其原理示意如图 5-4 所示。它适用于中粗砂、砾石、卵石等地质条件，一般工效较高。

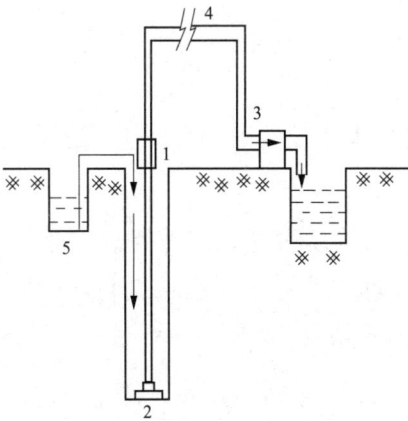

图 5-3　旋转钻机正循环钻进原理　　图 5-4　旋转钻机反循环钻进原理

1—钻机；2—钻头；3—泥浆泵；　　　1—钻机；2—钻头；3—泥浆泵；
4—胶管；5—泥浆池；6—沉淀池　　　4—胶管；5—泥浆池；6—沉淀池

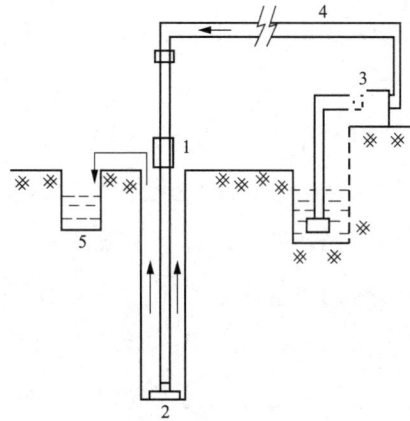

2. 钻机的安装

钻机的安装要求为：钻机中心与桩基中心偏差不得大于 50mm；钻杆中心偏差应控制在 20mm 以内。钻机底座下方用道木垫实。钻杆用扶正器固定。扶正器用地锚固定，确保钻机找正后不发生移动。安装钻机时，应将机台调平，转盘中心应与钻架上吊滑轮在同一垂直线上。

3. 钻孔

为使钻进成孔正直，防止扩大孔径应使钻头旋转平稳，力求钻杆垂直无偏晃地钻进，即钻杆尽量在受拉状态下工作。

在松软土层中钻进，应根据泥浆补给情况控制钻进速度；在硬土层中的钻进速度以钻机不发生跳动为准。

当一节钻杆钻完时，应先停止转盘转动，然后吊起钻头至孔底 200～300mm，并继续使用反循环系统将孔底沉渣排净，再接钻杆继续钻进，钻杆连接应拧紧牢靠，防止螺栓、螺母、拧卸工具等掉入坑内。

钻进过程应及时校正钻机钻杆，确保不斜孔。泥浆的黏度应符合设计要求，钻孔内的水位必须高出地下水位 1.5m 以上。如果发生斜孔，塌孔，护筒周围冒浆时，应停钻并采取措施后再继续钻进。

4. 钻机成孔的注意事项

(1) 若发现工作平台（基础垫木）下沉或倾斜应及时调整增大支垫面积。

(2) 应加强泥浆管理，勤清理循环系统，保持泥浆黏度、浓度及胶体率。

(3) 泥浆泵放入泥浆池沉没的深度应使液面平泵窗口一半即可。泵下端吸水口距泥浆池底不小于 400mm。

5. 清孔

在一般地质条件下，旋转钻机清孔应优先采用反循环系统。只有在粉砂层和淤泥地质条件下，才采用正循环系统清孔。

采用正循环系统清孔，一般需 2h 以上；采用反循环系统清孔，一般需 20min 左右。当孔内泥浆比重小于 1.25，孔底沉渣厚度小于 50～100mm（端承桩应小于 50mm，摩擦端承桩应小于 100mm）时，清孔为合格。

清孔后须将钻杆稍稍提起使其空转，并起动泥浆循环系统，将孔内沉渣排出，清孔取样应选在孔底 500mm 以内的泥浆，要求比重小于 1.3，含砂率小于等于 8%，黏度小于等于 28s。

钻孔完成后，应立即检查成孔质量，并填写施工记录，成孔的尺寸必须符合下列规定：

孔径允许偏差－50mm；孔垂直度允许偏差小于桩长的 1‰；孔深大于设计深度。

5.3.4 钢筋笼的吊装

(1) 钢筋笼应按设计长度和吊装机械的吊高，分段分节成型。一般第一节可做成 1.2～1.5 倍吊架高，以后各节宜为吊架高的 0.8 倍。

(2) 钢筋笼的节与节之间应用电焊机在孔口对接焊接，主筋接口应对齐，先点焊，后施焊。待焊口自然冷却后方准吊入孔内。

(3) 主筋一般不设弯钩，根据施工工艺要求所设弯钩不得向内圆伸露，以免妨碍导管工作。

(4) 钢筋笼吊装前应进行强度验算，防止钢筋笼变形，吊装钢筋笼进入孔内，应避免碰撞护筒和孔壁。

(5) 吊装安放时，使钢筋笼轴线与桩孔轴线重合，可在孔壁四周对称挂四根导向钢管，待浇灌的混凝土能确保钢筋笼位置时，再将导向钢管抽出或在桩孔四侧按设计要求设置混凝土垫块，当钢筋笼骨架质量较大时，应采取措施防止吊装变形。

(6) 对于水下浇筑的混凝土、钢筋笼主筋的保护层允许偏差为±20mm。

钢筋笼骨架应符合设计要求，其制作允许偏差应符合主筋间距±10mm，箍筋间距±20mm；钢筋骨架直径±10mm；钢筋骨架长度±50mm 的规定。

5.3.5 水下浇注混凝土及承台浇制

1. 水下浇注混凝土的准备工作

(1) 钢筋笼吊装完毕且作隐蔽工程验收合格后方可浇注水下混凝土。

(2) 混凝土用的砂、石、水泥及水品质应符合混凝土验收规范要求，并有足够的数量。混凝土使用的粗骨料粒径卵石不宜大于 50mm，碎石不宜大于 40mm，配筋桩不宜大于 30mm，且不应大于钢筋间最小净距的 1/3。

(3) 混凝土用的搅拌机，使用前应试运转确认合格后再开始浇灌混凝土。

(4) 水下混凝土的配合比必须经试验且强度等级合格，具备良好的和易性，塌落度宜为 180～220mm，水泥用量不小于 360kg/m³，含砂率宜为 40%～45%，且宜选用中粗砂。按混凝土配合比计算施工用料时，还应乘以 1.2 的充盈系数。如遇雨天，还应根据砂、石含水率进行砂、石的调整。

为改善混凝土的和易性和缓凝，有条件时宜加入缓凝减水剂（也称木钙粉）

掺量宜小于 25%，其减水率为 15%。

（5）导管内使用的隔水栓或隔水球应有良好的隔水性能，位置应临近水面，首次灌注时导管内的混凝土应能保证将隔水栓或隔水球从导管内顺利排出。

（6）导管的壁厚不宜小于 3mm，直径宜为 200～250mm，且直径偏差不应超过 2mm，导管的分节长度视工艺要求而定，底管长度不宜小于 4m，导管接头宜用法兰或双螺纹方扣块连接头。

导管使用前应试拼装、试水压、试水压力为 0.6～1.0MPa，导管提升时，不得挂住钢筋笼，为此可设置防护三角形加劲板或锥形法兰护罩。

2. 压水冲灌法浇注混凝土

（1）为使隔水栓或隔水球能顺利排出，导管底部至孔底距离宜为 300～500mm，桩直径小于 600mm 时，可适当加大导管底部至孔底距离。

（2）应有足够的混凝土储备量，压水过程中混凝土浇筑不得中断，使导管下端一次埋入混凝土面下 0.8～1.2m，压水冲灌所需最小混凝土量应经计算确定。压水冲灌混凝土是水下浇注混凝土的关键，其成功的标志是浇注混凝土后导管内没有泥浆水。

3. 水下混凝土连续浇注

（1）压水冲灌成功后应继续将混凝土从导管向孔内浇灌，随着混凝土的上升，应适当提升和拆卸导管。提管时，应保证导管始终埋入混凝土内 1.5～2m，严禁导管提出混凝土面。

（2）混凝土浇筑过程中，每拆除一节导管，同时计算一次桩径，应设专人测量导管埋深及导管内外混凝土面的高差，填写水下混凝土浇筑记录。水下混凝土必须连续施工，每根桩的浇注时间按混凝土初盘的初凝时间控制，对浇注过程中的一切故障均应记录备案。

（3）为保证桩顶浇制质量，最后一次浇注混凝土的高度应高过设计标高 1.2m，一般在钢护筒末拔出前，先用人工将混浆层挖出，如条件不许可，应立即将护筒拔出，待开挖桩基上部基坑时，再将混浆层清除。

4. 混凝土承台的浇制

（1）施工完毕的桩，应按设计要求验桩，灌注桩基础混凝土强度检验应以试块为依据，试块的制作应每根取一组，承台及连梁应每基取一组，应经监理中间验收合格后，方准进行承台和连梁的施工。

（2）承台、横梁与桩的结合处若需要留施工缝，其位置应在混凝土浇筑之前确定，宜留在结构受剪力较小且便于施工的部位，一般在桩基的顶面设置施工缝。

（3）在施工缝处继续浇制承台、横梁时，已浇注的桩顶混凝土抗压强度不应小于 $1.2N/mm^2$。

（4）在已硬化的混凝土表面上应清除水泥薄膜、松动石子和较弱混凝土层并加以充分湿润和冲洗干净且不得积水，宜先在施工缝处铺一层水泥砂浆或与混凝土内成分相同的水泥砂浆。

（5）铁塔基础的地脚螺栓埋深范围内不应设置施工缝，若必须留施工缝时，应经设计代表同意，承台、横梁应连续浇注，不应留施工缝。

承台、横梁的支模、混凝土浇筑、养护、拆模等应按现浇混凝土基础的有关规定执行。

5.4 人 工 挖 孔 桩

人工挖孔灌注桩在 110kV 及以下送电线路工程上常用到。

人工挖孔灌注桩主要包括两项内容，一是人工挖孔，二是灌注混凝土。有关灌注混凝土的施工与钻孔灌注桩一样，其差别在于不是水下灌注混凝土。

人工挖孔桩采用人工挖孔呈竖向井孔，经逐段浇注混凝土护壁，安放钢筋笼后浇注而成。人工挖孔桩的直径根据承载力的大小由设计计算确定，一般为 0.8～2.0m，最大直径可达 3.6m，视桩端土质情况，可采取不扩底和扩底两种形式，扩底直径一般为桩身直径的 1.3～2.5 倍，桩的长度不宜超过 30m。

5.4.1 施工准备

（1）施工前应做好场地平整，做出有效的排水措施及安装好运土通道及设备等。

（2）根据设计图纸规定进行分坑，建立桩位测量基准点。

（3）对土质情况有怀疑或首次施工时，应在桩位附近先行试挖，完善成孔工艺。

（4）充分了解桩位的工程地质资料，对不良地质条件的对策应有准备。

5.4.2 挖孔的要求

（1）桩孔施工时，应边挖边护壁，一般护壁混凝土的厚度为 100～150mm，每节高度为 500～1000mm，混凝土强度等级应符合设计规定，但不得低于 C15，第一节护壁应高出地面 150～200mm，上下节搭接不小于 50mm，如图 5-5 所示。

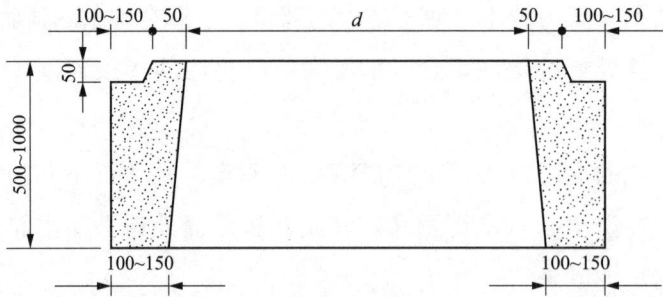

图 5-5　混凝土护壁示意

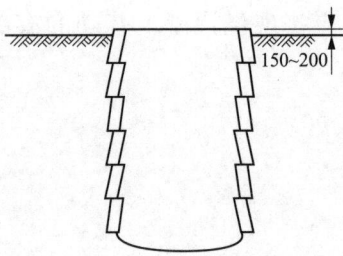

图 5-6　挖孔桩示意

（2）为确保混凝土护壁的整体性，防止上下脱节，应视地质条件用 $\phi6$ 或 $\phi8$ 钢筋（长度 300mm）作上下节的拉结筋，护壁混凝土应视气候条件，在浇制 12～24h 后拆模，必要时再采用早强水泥。

（3）桩孔采用挖一段，即浇注一节护壁，拆模后再继续掘进，最终形成的桩孔见挖孔桩示意图 5-6。

（4）遇到流塑状淤泥，流砂或孔壁坍塌时应停止挖孔，待采取有效措施后才能继续掘进。对于坍塌段可采取边挖边校对孔位，护壁结构应作适当加强。

5.4.3　混凝土浇灌

（1）灌注混凝土前应将孔底残渣、浮土、积水等清理干净，鉴定持力层是否符合设计要求，并办理隐蔽工程验收手续后立即灌注混凝土底层，尽量减少持力层暴露的时间。

（2）桩身混凝土应一次连续浇注完成。混凝土坍落度以 100mm 左右为宜。每根桩应做一组试块，以检测混凝土的强度，当孔深超过 3m 时，混凝土应用导管进行灌注，分层振捣，每层厚度以 1m 为宜。

（3）钢筋笼应按设计图纸配置，吊装应防止扭转弯曲，其接头应符合有关规定。

5.4.4　施工安全

人工挖孔桩作业因在孔中，施工安全至关重要。除应执行掏挖基础的有关安全措施外，还应执行下列安全措施：

（1）每次挖孔前应将孔内积水抽干，孔深超过 5m 时，宜用风机或风扇向孔内送风不小于 5min，排除孔内混浊空气，孔深超过 10m 时，应有专用风机向孔内送风，风量不宜小于 25L/S。对可能有毒气体的地层，应制定专项措施予以排除。

（2）孔内应设有上下活动爬梯。孔内作业人员应配挂安全带或腰绳，必要时，坑上监护人能将坑内人员拉出。

（3）挖孔中需要抽水时，孔内人员必须返回地面，移动孔内水泵应先切断电源再移泵。

（4）在岩溶的土洞区、矿山采空区上部施工时，每挖深 500～1000mm 需用 $\phi16$ 钢钎探插下层地基，检查有无洞穴。

（5）挖出的土方应及时运走，距桩孔边 2m 范围内不宜堆土，机动车严禁在桩孔边行驶。

（6）暂停施工的孔口应加设通透的临时网道，防止人员误踏孔口。

5.4.5 灌注桩的质量检查方法

灌注桩的质量检查包括常规项目检查和桩基缺陷检查，常规的质量检查内容包括六项内容，应按相关的规定进行检查：

（1）原材料的检验包括水泥、砂、石、钢筋、焊丝等。

（2）钢筋笼的检查包括焊接接头质量检查等。

（3）成孔及沉渣层厚度的检查。

（4）混凝土配合比、坍落度的检查。

（5）导管埋入混凝土深度的检测。

（6）混凝土试块的抗压强度试验。

1. 桩基缺陷的检测方法

（1）静力载荷试验法精度高、受力直观，但试验使用工具较多，耗时耗资较大，线路施工质检中一般不采用。

（2）高应变动测试法，主要是通过实测桩顶在受能量冲击后的受力与质点速度情况来计算桩基的单桩承载力和评估桩身完整性。

（3）低应变动力测试法，较多采用的有弹性波反射法，机械阻抗法，球击法等。它是通过桩顶受能量冲击后通过加速度或速度力传感器，将信号输入到放大器，再到储存器后进行显示，根据波形和曲线等计算分析判断桩的缺陷位置及类型。送电线路基础中的灌注桩检测较多使用该种方法。低应变检测应按 JGJ/T 193—2009《混凝土耐久性检验评定标准》的有关规定执行。

对于铁塔基础的灌注桩应全部进行低应变检测，因为铁塔基础属于规程中的一柱一桩的构筑物，非一柱一桩时，应采用抽测方法。

2. 低应变动力测试方法

低应变动力测试法的测试设备包括撞击工具（手锤），高灵敏度的加速度计，TEI-B 型桩基动测分析仪（包括信号采集器、处理机和输出装置）等，其检测原理是当桩顶作用一脉冲力后，便有应力波沿桩身传播，在遇到桩阻抗 Z 变化处将产生反射和透射，通过安装在桩顶的加速度传感器测量反射信号大小和相位。由波动理论分析可知，当桩身有断裂、离析、夹泥、缩径等现象时，波阻抗变小，反射波和入射波同相位；当桩身有扩径、扩底时，波阻抗则变大，反射波和入射波反相位。由此，根据波的振幅大小，波速高低，反射波到达时间，频谱，相位等参数，经计算后可对桩身的完整性，缺陷程度，缺陷位置等作出综合质量判断。

检测过程为通过一种胶结材料把加速传感器与桩顶偶合在一起，用手锤在桩顶敲击若干次，以产生低应变压缩波；通过动测分析仪采集信号并进行数据处理，作出桩基实测的平均应力波速曲线，进行综合分析判断。

A 类桩为桩身结构完整，满足设计要求。

B 类桩为桩身结构基本完整，有轻度损伤，基本满足设计要求。

C 类桩为桩身结构不完整，有中等损伤，需对缺陷位置判定是否满足设计要求。

D 类桩为桩身结构不完整，有严重损伤，如断桩、缩径等，不能满足设计要求。

如果经检测有 C 类或 D 类桩，必须会同设计代表，监理代表研究处理方案。

桩基进行动测法检验之前，桩头应清理彻底，混凝土强度应达到设计强度的 50％以上。

5.5 混凝土电杆基础及预制基础

1990 年版规范标题是"装配式预制基础"，因铁塔装配式预制基础已很少采用，现改为"混凝土电杆基础及预制基础"。

（1）混凝土电杆底盘的安装，应在基础坑检验合格后进行，这是对原规范的补充，以避免安装中盲目施工而造成返工。底盘安装后，其圆槽面应与电杆轴线垂直，要注意排杆时测量导线横担穿钉孔至根基距离，两杆长度偏差超过规定时，立杆前以偏差值调整底盘深度，找正后应填土夯实至底盘表面，其安装允许偏差应保证电杆组立后符合杆塔组立允许偏差值规定。

（2）混凝土电杆卡盘安装前应先将其下部回填土夯实，特别要注意上卡盘以下回填土必须夯实保证上卡盘不下沉，卡盘安装位置与方向应符合图纸规定，其深度允许偏差不应超过±50mm，卡盘抱箍的螺母应紧固，卡盘弧面与电杆接触处应紧密（这部分是新增的，目的在于严格质量要求，使其真正起到卡盘作用）。

（3）拉盘的埋设方向应符合设计规定，坑底坡度角与拉线对地夹角之和成90°，坑底形状与拉线盘底面形状一致，马道坡度与拉线坡度一致，其安装位置偏差应满足下列规定：

1）沿拉线方向的左、右偏差不应超过拉线盘中心至电杆中心水平距离的1‰。

2）沿挂线安装方向，其前后允许移位值，当拉线安装后其对地夹角与设计值之差不应超过1°，个别特殊地形需超过1°时应由设计提出具体规定。

3）X型拉线的拉线盘安装位置应满足拉线交叉处不得相互摩碰，其允许偏差不包括此位置值。（1990年版规范把这条列为注，新规范提为正文）

（4）混凝土电杆基础设计为套筒时，应按设计图纸要求安装，其安装允许偏差应保证电杆组立后符合杆塔组立允许偏差值规定。本条为新增条文，考虑到电杆基础设计确有套筒型式。

（5）装配式预制基础应符合下列之规定：

1）装配式预制基础的底座与立柱连接的螺栓。铁件及找平用的垫铁必须采取有效的防锈措施。当采用浇灌水泥砂浆时，应与现场浇筑基础同样养护，回填土前应将接缝处以热沥青或其他有效的防水涂料涂刷。

2）立桩顶部与塔脚板连接部分须用砂浆抹面垫平时，其砂浆或细骨料混凝土强度不应低于立柱混凝土强度，厚度不应小于20mm，并应按规定养护（注：现场浇筑基础二次抹面厚度应符合本条规定）。

3）钢筋混凝土底座枕条、框架底座、薄壳基础及底盘底座等与主柱框架的安装应符合下列规定：

a.底座、枕条应安装平整，四周填土或砂石夯实。

b.钢筋混凝土底座枕条，立柱等在安装时不得敲打和强行组装。

c.主柱倾斜时宜用热浸镀锌垫铁垫平，每处镀锌垫铁不得超过两片。总厚度不应超过5mm，调平后主柱倾斜不应超过立柱高的1‰（注：设计本身有倾斜的立柱，其立柱倾斜允许偏差值是指与原倾斜值相比）。

5.6 岩 石 基 础

5.6.1 岩石基础的型式及适用条件

岩石基础是指把锚筋经砂浆锚固于岩石孔内，借岩石本身，岩石与砂浆（或细石混凝土，下同）间和砂浆与锚筋间的粘结力来抵抗杆塔传来的外力的基础。岩石基础也称岩石锚筋基础或岩石锚杆基础。

岩石基础在岩石地区的送电线路设计及施工中已广泛应用，因为它具有下列优点：

（1）抗上拔、抗下压的强度高，安全可靠。

（2）土石方开挖量小。

（3）基础耗用的混凝土量及钢筋都比较少。

（4）施工方便，省去安装模板（承台除外）的工作。

应用岩石基础的关键在于对岩石质量的现场判定。判定工作内容包括：岩石的类别及风化程度、坚固程度、整体性及表面覆盖厚度等。岩石质量是由地质人员和设计人员判定。

1. 岩石基础的型式

（1）铁塔岩石基础型式有直锚式、承台式、嵌固式、掏挖式等如图 5-7 所示。

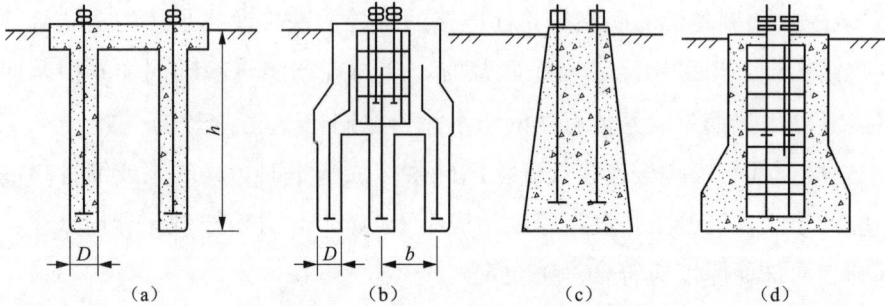

图 5-7　铁塔岩石基础型式

（a）直锚式；（b）承台式；（c）嵌固式；（d）掏挖式

（2）电杆的岩石基础有两种型式。以坑底岩石代替电杆的底盘，即直接将坑底的岩石凿成比较光滑的平面，且电杆中心处呈圆槽形，以形成岩石底盘。

拉线的岩石基础，即将拉线棒直接插入岩石锚孔内灌浆而代替埋入土中的拉线盘，如图 5-8 所示。

2. 各种岩石基础型式的适用条件

（1）直锚式岩石基础主要用于未风化或微风化的硬质岩石地区（例如花岗岩、石灰岩等），且覆盖层较薄（约 200mm 以内）。

（2）承台式岩石基础主要用于覆盖层较厚的轻风化或中等风化的硬质岩石地区，承台式岩石基础包括下部的岩石基础及上部的钢筋混凝土承台基础。

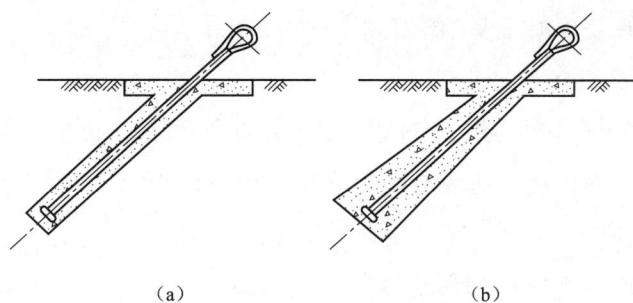

（a）   （b）

图 5-8　拉线的岩石基础型式

（a）直锚式；（b）嵌固式

（3）嵌固式岩石基础主要用于中等风化和强风化、覆盖层较薄且岩石整体性较好的硬质岩石地区。

（4）掏挖式岩石基础主要用于强风化的软质岩石地区。

（5）拉线岩石基础主要用于微风化或中等风化的硬质岩石地区，且岩石的整体性比较好。

岩石基础应按设计图纸施工。开挖后，若发现地质情况与设计地质条件不相符时，应通知设计代表现场判定能否按原图施工。

如果设计原为阶梯式混凝土基础，开挖后发现岩石坚硬，整体性好时，应请设计代表现场判定并改为合适的岩石基础，但必须有设计代表的签字为依据。

杆塔岩石基础附近有陡坡时，其山坡必须是稳定的。杆塔基础外缘距边坡距离应符合设计规定。若设计无明确规定，应符合表 5-18 的要求。

表 5-18　　　　　　　　基础边坡距离（以孔深、坑深的倍数计）

山坡地形	直锚、承台式		嵌固式、掏挖式	
	坚硬岩石	破碎岩石	坚硬岩石	破碎岩石
一面临空	1.5	2.0	2.0	3.0
二面临空	2.0	2.5	2.5	3.5
三面临空	2.5	3.0	3.0	4.0

5.6.2　岩石基础的成孔

直锚式及嵌固式岩石基础施工分为清理施工基面、分坑、钻孔、安装锚筋或地脚螺栓、浇灌砂浆、养护等步骤。

承台式岩石基础，在上述 6 个子工序（地脚螺栓除外）完成后还应安装承台模板、安装承台钢筋及地脚螺栓、浇灌承台混凝土及养护、拆模及回填土等。承台的施工与普通的现浇混凝土基础施工相同。

1. 清理施工面及防风化处理

根据复测后的杆塔中心桩、先大致定出各基墩的所在位置，将浮土、松石清理干净。清理范围应比坑口边或锚筋孔边放出 0.5m 左右。清理后的施工基面应符合设计要求且应使岩石裸露，基坑坑口及周围应平整。

清理施工基面过程中，如需要爆破应用小炮、以保持岩石地基的整体性和稳定性。

对于直锚式或嵌固式岩石基础，要求基面进行防风化处理，其保护范围如下岩石防风化处理示意图 5-9 所示，保护范围内应进行清理。

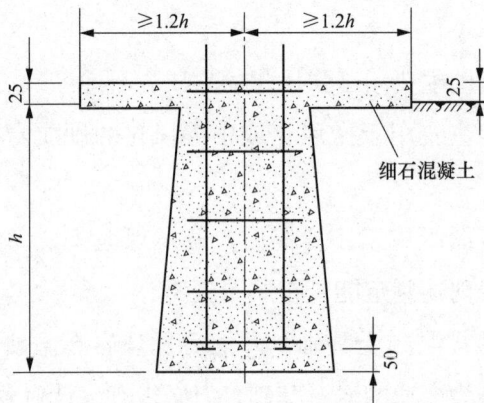

图 5-9 岩石防风化处理示意图

2. 锚孔的成形

岩石基础的成孔有两种情况，直锚式和承台式基础的成孔是钻锚孔后分别埋入地脚螺栓或钢筋；嵌固式和掏挖式岩石基础是先打炮眼孔，放小炮后形成锚坑，再埋入地脚螺栓和钢筋。

（1）人工打孔，其方法与岩石爆破打炮眼操作方法相同，但使用的钢钎应采用特制的宽头钢钎。打孔时应注意转换方向，避免打成三角形孔。

（2）机械钻孔。应使用钻孔直径为 $\phi100$ 的专用钻机。若采用 YN30 型手提凿岩机钻孔时，其孔径可能比设计要求较小，应经设计代表同意后方可使用。

锚孔施工应符合设计要求，孔位必须正确。直锚式岩石基础的锚孔应垂直地面，不应倾斜。承台式岩石基础应根据设计要求，可以为垂直孔或斜孔。成孔直径不得产生负误差，正误差宜为 20mm。成孔深度的允许偏为 ±20mm。

锚孔钻成后必须清除孔内的石粉，浮土及石渣等，并用清水清洗干净，然后用泡沫塑料将水吸干。如果清理好的锚孔暂不浇灌砂浆，应用牛皮纸封口，其上方用塑料膜覆盖，防止杂物进入孔内。

嵌固式或掏挖式岩石基础一般用于风化较严重的岩石地带，基坑可以采用人工开挖或采用松动爆破方法施工。

松动爆破法的炮孔位置为在基础中心打一个主炮眼，再在基础坑内圈打一些防震孔，以控制放炮时坑壁的震裂范围，保持岩石基础的整体稳定性。主炮孔直径一般为 $\phi30\sim\phi36$，深度 $0.5\sim1.0m$；防震孔直径与主炮孔相同，深度为 $0.5m$ 左右，数量为 $10\sim14$ 个。主炮孔、防震孔可以用人工打孔或机械打孔。

嵌固式和掏挖式岩石基础的开挖应保证设计规定的锥度，不得开凿成上大下小或鼓肚形。

5.6.3 砂浆或混凝土的浇灌与养护

1. 准备工作

复核锚孔位置，将锚孔内石粉和石渣清理干净，根据设计图纸规定的混凝土强度值或砂浆强度选择配合比，检查锚筋或地脚螺栓规格数量是否与设计图纸相符，合格后进行安装，并临时固定。

2. 砂浆的选择

施工选用的砂浆应符合设计要求，用于锚孔浇灌的砂浆有三种：

（1）普通水泥砂浆，其强度一般采用 M20～M30，其配合比应通过试验确定。

（2）硫磺砂浆，主要优点是砂浆可以速凝。

（3）水泥流态砂浆具有一定的微膨胀性，一般为 M20、M25、M30。

3. 安装锚筋或地脚螺栓

（1）锚筋或地脚螺栓的直径和长度应符合设计规定，其锚固端应符合设计要求或按图 5-10 型式制作，除墩头式外，其他锚固端型式的焊缝必须是全封闭的双面焊缝且符合焊接质量要求。

（2）锚孔和岩坑清理干净后，如果超深应用细石混凝土填充超深部分。

（3）对于承台式基础，锚筋埋入承台部分长度应不小于 $36d$（d 为锚筋直径），且应朝向主柱弯曲，但弯曲角度不宜超过 45°，锚筋与承台主钢筋的交叉点应用铁丝绑牢。

地脚螺栓安装时，其根开、对角线及外露长度等应符合设计要求，锚筋和地脚螺栓在锚孔中应居中位置，不得靠锚孔一侧。

（4）锚筋或地脚螺栓插入锚孔后，应有临时固定措施，且应随即浇灌砂浆或

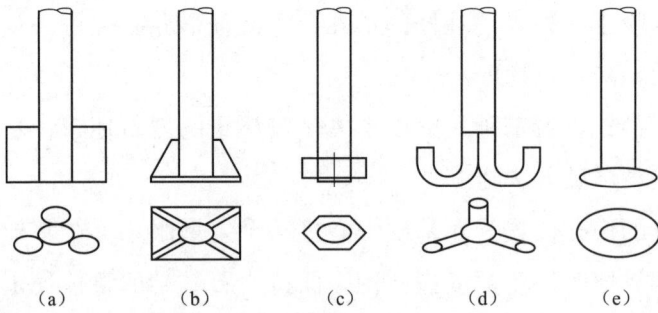

图 5-10　锚筋锚固端的型式

(a) 帮条式；(b) 锚板式；(c) 焊螺式；(d) 弯钩式；(e) 墩头式

细石混凝土，防止碎石或泥土填入孔内。

（5）普通水泥砂浆的浇灌及养护。

1）锚孔浇灌前，应将锚孔壁用水湿润，以保证砂浆与孔壁的粘结力。

2）水泥砂浆的水灰比一般为 0.4～0.5，配合比为 1∶2，水泥强度等级应不低于 52.5，拌制砂浆时，原材料应过秤，严格控制水灰比和坍落度，有条件时宜用机械搅拌。

3）浇灌砂浆时应分层捣固密实，一次不应浇灌过多，避免砂浆间留有空隙，锚孔中的砂浆浇注量不得少于计算确定值。

4）对于承台式基础，锚筋和承台的浇注可以分段进行，也可以连续浇注完成，浇注前将承台下部的岩石打毛，清理干净，用清水冲洗，以保证承台混凝土与岩石粘结牢固。采用连续浇注施工时，应先支模板，安装承台钢筋和地脚螺栓，再进行锚孔灌浆，最后浇注承台的混凝土。承台浇注应在锚孔砂浆初凝时间内进行。

5）岩石基础的砂浆，混凝土浇制及养护等应执行养护的有关规定。砂浆因体积小，养护尤为重要，砂浆浇灌后应用草袋遮盖，每天浇水不少于 2 次，保护基础湿润，养护时间不少于 7 天。

6）砂浆和混凝土的强度检查，应以与基础同条件养护的试块为依据，试块制作数量为每基每种强度等级各一组。

7）锚筋和地脚螺栓安装后，应采取保护措施，在人多易到达的桩位派专人看守，防止碰动。

8）岩石基础的锚筋和地脚螺栓安装及砂浆浇灌均属隐蔽工程，必须请监理代表现场监督，基础浇筑完成后，应对每个基础尺寸及整基基础的尺寸进行检查，其允许误差应符合规范要求，并填写施工记录。

9）直锚式岩石基础表面是否设置防止岩石风化的混凝土保护层应由设计确定，如设计无明确规定时，应根据岩石基础的地质条件在基础周围岩面上浇一层细石混凝土保护层，保护层范围不小于 1.2 倍锚孔深，厚度不小于 50mm，强度等级不低于 C15，保护层浇制前的岩石表面应打毛并用清水清洗干净，保护层浇制完成后和基础混凝土同等条件进行养护。

5.6.4 岩石基础的构造要求

（1）锚入 C15 及以上强度等级混凝土中的地脚螺栓，其间距不少于 $4d$（d 为光面螺栓直径）时，I 级钢筋地脚螺栓的锚固长度应不小于 $25d$，下端并应设置弯钩或锚板等锚固措施。

（2）纵向受拉钢筋，如计算中充分利用其强度时，则伸入混凝土承台或插入锚孔的锚固长度应不小于表 5-19 的规定。

表 5-19　　　　　　受拉钢筋最小的锚固长度（d 为钢筋直径）

钢筋类别		I 级（含 5 级）钢	II 级钢	III 级钢
混凝土强度等级	>C15	$30d$	$35d$	$40d$
	C15	$25d$	$30d$	$35d$

（3）锚筋直径 d 不应小于 16mm，直锚式和承台式岩石基础的地脚螺栓和锚筋，在基岩中的锚固深度 h 应符合下列要求：

1）微风化岩石　　$h \geqslant 25d$。

2）中等风化岩石　　$h \geqslant 35d$。

3）强风化岩石　　$h \geqslant 45d$。

（4）锚孔直径 D 应符合下列要求：

1）硬质岩石中 $D = 2.5 \sim 3.0d$；

2）软质岩石中 $D = 2 \sim 3d$ 且 $D \geqslant d + 50$mm。

（5）群锚筋的间距 b 应符合下列要求：

1）硬质未风化和微风化的岩石 b 不宜小于 $4D$，但应不小于 160mm。

2）软质微风化的岩石及中等风化的岩石，b 不宜小于 $6D$。

（6）砂浆强度等级应符合下列要求：

直锚式和承台式岩石基础的砂浆强度等级不得小于 M20，嵌固式岩石基础的混凝土强度等级不得小于 C15。

5.6.5 硫磺砂浆及流态砂浆的制作和特点

1. 硫磺砂浆

硫磺砂浆是由硫磺、中砂、水泥三种材料高温拌合制成，其中硫磺与水泥是粘结剂，砂是骨料，配合比为硫磺：水泥：砂＝1：0.6：1.3，硫磺含量应为99%（即硫磺内的其他物质含量应小于1%）。水泥用42.5或以上。三种材料均应在使用前过2mm孔筛，以保证细度。硫磺应研成粉末状较好。

（1）砂浆制作方法。

1）先将砂和水泥放入锅内炒干，逐渐加热到120℃，最后将硫磺倒入且不停地拌合。

2）硫磺加热120℃时就会熔化，此时应控制温度不超过160℃。加热拌合过程中，如发现硫磺未全部熔化或流动性不大，证明温度不够高，可以多炒几分钟，若发现部分砂浆贴锅底或边缘变褐色，甚至烧焦时，证明温度已超过160℃，此时应停火但要不停地搅拌直到出现绿色或豆青色的浆糊状即可立即使用。

3）往锚孔内灌砂浆时，动作要求准确、迅速，特别是捣固动作要快，因为停火后30s，砂浆就会凝固。

（2）制作硫磺砂浆的注意事项。

1）硫磺砂浆拌制过程中会产生二氧化硫有毒气体，施工人员应戴口罩，手套及眼镜等进行保护。

2）拌制过程中硫磺易产生暗火或明火，必须远离林区及易燃物。

3）由于硫磺砂浆凝固速度快，必须在锚孔、锚筋等一切准备就绪后开始拌制，拌制后立即倒入孔内，锚孔应为直孔，斜孔容易堵塞。

硫磺砂浆的抗压强度与M20水泥砂浆相近。它的最大特点是无需养护，浇灌后3～5min，即可承受设计荷载，因此在岩石地区用作施工地锚是较为方便的。

2. 水泥流态砂浆

采用水泥流态砂浆浇灌锚孔，施工速度快，操作方便，强度高，流态砂浆具有大流动性，便于浇灌施工；具有一定的微膨胀性，以便与孔壁粘结牢固；具有较高的强度等级一般为M20、M25、M30。

（1）流态砂浆的配合比。

1）按灰砂比1：2、1：2.5、1：2.3进行拌制试样砂浆。

2）使用UEA膨胀剂，内掺量为8%～10%，水泥为92%～90%（均以水泥与膨胀剂之和为基数）。

3）泵送剂掺量，分别为水泥加膨胀剂总量的 1.5％～2.0％、0.8％、0.3％等以比较其流动性。

4）以达到相同流动度，采用不同的水灰比即 W/C＝0.46～0.54。

（2）流态砂浆的制作方法。

1）先称取水泥，再称 U 型膨胀剂（粉），拌至颜色均匀一致，倒入已称好的黄砂堆中，用拌铲拌和至混合颜色均匀为止。

2）将称好的泵送剂（流态或粉）倒入用量筒量取的水中，然后用（玻璃）棒充分搅拌均匀至颜色一至为止。

3）将黄砂、水泥（含膨胀剂）拌匀的上述混合物堆成一堆。在中间作一凹槽，将混有泵送剂的水先将一半倒入凹槽中，然后共同拌和，以后再将剩余的水倒入拌和，直至拌合物色泽一致，符合要求为止。

4）流态砂浆再翻拌一次，需用铲将全部砂浆压切一次，一般需延长搅拌时间，从加水完毕时算起 10min 左右。

（3）流态砂浆的配方选择。

1）达到 M30 强度等级的流态砂浆，应采用配方为灰砂比 1∶2，U 型膨胀剂内掺 8％，JRC-2D 型（液）外掺 1.5％，R_{28} 试验值为 40.0MPa。

2）达到 M20 强度等级的流态砂浆，应采用配方为灰砂比 1∶2.3，U 型膨胀剂内掺 9％，用普通泵送剂外掺 0.6％，R_{28} 试验值为 28.9MPa。

3）达到 M25 强度等级的流态砂浆，应采用配方为灰砂比 1∶2.3，U 型膨胀剂内掺 9％，采用 JRC-2D 型（液）泵送剂外掺 1.8％，R_{28} 试验值为 37.9MPa。

5.7 冬 期 施 工

考虑到北方冬期施工的现状，2005 年版规范增加了这部分的内容，主要依据是 JCJ/T 104—2011《建筑工程冬期施工规程》及线路施工实际。

根据施工地点多年气温资料，室外平均气温连续 5 天低于 5℃时，混凝土基础工程应采取冬期施工措施，并应及时采取气温突然下降的防冻措施。

（1）冬期钢筋的焊接，宜在室内进行，当必须在室外焊接时，其最低气温不宜低于－20℃，且应有防雨挡风的帐篷，焊后的接头严禁立即碰到冰雪。

（2）配制冬期施工的混凝土，应优先选用硅酸盐水泥或普通硅酸盐水泥，水泥的强度等级不应低于 42.5 最小水泥用量不宜小于 300kg/m³，水灰比不应大于 0.6。

（3）冬期拌制混凝土时应优先采用加热水的方法。水及骨料的加热温度应根据热工计算，但不得超过表 5-20 之规定，水泥不得直接加热，但宜在使用前运入暖棚内存放。

表 5-20　　　　　　　　　　拌合水及骨料最高温度　　　　　　　　　　（℃）

项　　目	拌合水	骨料
强度等级<52.5普通硅酸盐水泥	80	60
强度等级≥52.5硅酸盐水泥，普通硅酸盐水泥	60	40

注　当骨料不加热时，水可以加热到 100℃，但水泥不应与 80℃以上的水直接接触，投料顺序为先投入骨料和已加热的水，然后再投入水泥。

（4）混凝土拌合物的入模温度不得低于 5℃，混凝土用骨料必须清洁不得含有冰雪等结冻物及易冻裂的矿物质。

（5）冬期施工不得在已冻结的基坑底面浇制混凝土，已开挖的基坑底面应有防冻措施。

（6）冬期混凝土养护宜选用覆盖法、暖棚法或蒸汽法。当采用暖棚法养护混凝土时，混凝土养护温度不应低于 5℃，并保持混凝土表面的湿润。

（7）拌制掺用防冻剂的混凝土应符合下列规定：

1）防冻剂溶液的配制及防冻剂的掺量应符合现行国家标准的有关规定。

2）严格控制混凝土的水灰比。

3）搅拌前应用热水冲洗搅拌机，搅拌时间应取常温搅拌时间的 1.5 倍。

4）混凝土拌合物的出机温度不宜低于 10℃，入模温度不得低于 5℃。

（8）掺用防冻剂的混凝土的养护，在负温度条件下养护时，严禁浇水，外露表面必须覆盖，混凝土的初期养护温度不得低于防冻剂的规定温度；当拆模后混凝土表面温度与环境温度之差大于 15℃时，应对混凝土采用保温材料覆盖养护。

（9）冬期施工混凝土基础拆模检查合格后应立即回填土，采用硅酸盐或普通硅酸盐水泥配制的混凝土，在受冻前抗压强度不应低于混凝土强度设计值的 30%。

（10）混凝土自搅拌机中卸出时间和浇筑时的温度测量每班至少检查 4 次，混凝土养护过程中室外气温及周围环境温度每昼夜应定点定时检查测量 4 次。

6

杆 塔 工 程

6.1 杆 塔 分 类

杆塔按材料划分为混凝土电杆（也称水泥杆）和铁塔两类。

（1）送电线路的混凝土电杆按其作用、形状、钢筋状态及电压等级分类如图 6-1 所示。

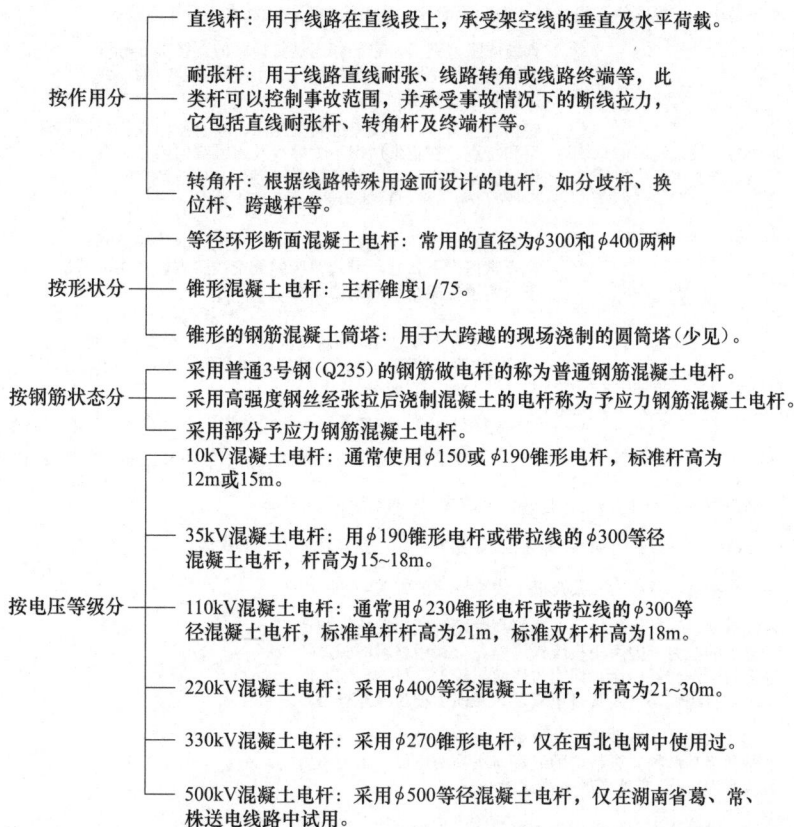

按作用分
- 直线杆：用于线路在直线段上，承受架空线的垂直及水平荷载。
- 耐张杆：用于线路直线耐张、线路转角或线路终端等，此类杆可以控制事故范围，并承受事故情况下的断线拉力，它包括直线耐张杆、转角杆及终端杆等。
- 转角杆：根据线路特殊用途而设计的电杆，如分歧杆、换位杆、跨越杆等。

按形状分
- 等径环形断面混凝土电杆：常用的直径为$\phi300$和$\phi400$两种
- 锥形混凝土电杆：主杆锥度1/75。
- 锥形的钢筋混凝土筒塔：用于大跨越的现场浇制的圆筒塔（少见）。

按钢筋状态分
- 采用普通3号钢（Q235）的钢筋做电杆的称为普通钢筋混凝土电杆。
- 采用高强度钢丝经张拉后浇制混凝土的电杆称为予应力钢筋混凝土电杆。
- 采用部分予应力钢筋混凝土电杆。

按电压等级分
- 10kV混凝土电杆：通常使用$\phi150$或$\phi190$锥形电杆，标准杆高为12m或15m。
- 35kV混凝土电杆：用$\phi190$锥形电杆或带拉线的$\phi300$等径混凝土电杆，杆高为15~18m。
- 110kV混凝土电杆：通常用$\phi230$锥形电杆或带拉线的$\phi300$等径混凝土电杆，标准单杆杆高为21m，标准双杆杆高为18m。
- 220kV混凝土电杆：采用$\phi400$等径混凝土电杆，杆高为21~30m。
- 330kV混凝土电杆：采用$\phi270$锥形电杆，仅在西北电网中使用过。
- 500kV混凝土电杆：采用$\phi500$等径混凝土电杆，仅在湖南省葛、常、株送电线路中试用。

图 6-1　混凝土电杆等级分类

常用的锥形杆有 $\phi150/300\times11\text{m}$、$\phi190/350\times12\text{m}$、$\phi190/390\times15\text{m}$、$\phi230/510\times21\text{m}$。

常见的等径杆有 $\phi300\times12\text{m}$、15m、18m、21m、24m、27m；$\phi400\times21\text{m}$、27m、30m、33m。

等径杆一般装有 4～10 根不等的拉线，锥形杆大多不装拉线，但个别较高的杆装有拉线，上世纪八十年代钢材供应紧张，国家推荐 220kV 及以下电压等级线路尽量采用钢筋混凝土电杆或拉 V 铁塔。上世纪末至今钢材产量大大增加，220kV 及以上线路工程基本上均为铁塔设计，2005 年"福建省电力有限公司架空输电线路反事故措施"中明确规定新建 220kV 及以上线路均采用铁塔设计，并不采用 V 型拉线塔（国网公司反措要求）；对设计风速达 30m/s 及以上的 110kV 线路均应采用铁塔设计，在人口密集区或重要交叉跨越处不采用拉线杆塔。

（2）架空送电线路的铁塔一般按其用途、导线回路数、结构型式等分类如图 6-2 所示。

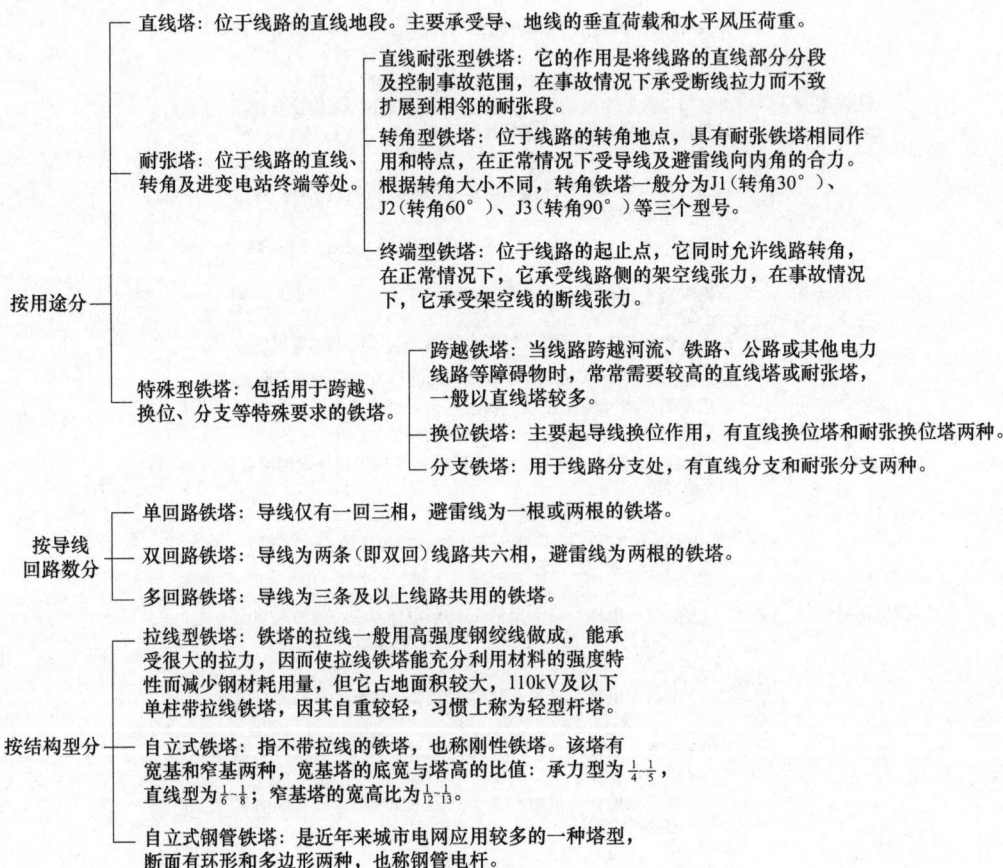

直线塔：位于线路的直线地段。主要承受导、地线的垂直荷载和水平风压荷重。

耐张塔：位于线路的直线、转角及进变电站终端等处。

直线耐张型铁塔：它的作用是将线路的直线部分分段及控制事故范围，在事故情况下承受断线拉力而不致扩展到相邻的耐张段。

转角型铁塔：位于线路的转角地点，具有耐张铁塔相同作用和特点，在正常情况下承受导线与避雷线向内角的合力。根据转角大小不同，转角铁塔一般分为J1（转角30°）、J2（转角60°）、J3（转角90°）等三个型号。

终端型铁塔：位于线路的起止点，它同时允许线路转角，在正常情况下，它承受线路侧的架空线张力，在事故情况下，它承受架空线的断线张力。

特殊型铁塔：包括用于跨越、换位、分支等特殊要求的铁塔。

跨越铁塔：当线路跨越河流、铁路、公路或其他电力线路等障碍物时，常常需要较高的直线塔或耐张塔，一般以直线塔较多。

换位铁塔：主要起导线换位作用，有直线换位塔和耐张换位塔两种。

分支铁塔：用于线路分支处，有直线分支和耐张分支两种。

按用途分

按导线回路数分

单回路铁塔：导线仅有一回三相，避雷线为一根或两根的铁塔。

双回路铁塔：导线为两条（即双回）线路共六相，避雷线为两根的铁塔。

多回路铁塔：导线为三条及以上线路共用的铁塔。

按结构型分

拉线型铁塔：铁塔的拉线一般用高强度钢绞线做成，能承受很大的拉力，因而使拉线铁塔能充分利用材料的强度特性而减少钢材耗用量，但它占地面积较大，110kV 及以下单柱带拉线铁塔，因其自重较轻，习惯上称为轻型杆塔。

自立式铁塔：指不带拉线的铁塔，也称刚性铁塔。该塔有宽基和窄基两种，宽塔的底宽与塔高的比值：承力型为 $\frac{1}{4}\sim\frac{1}{5}$，直线型为 $\frac{1}{6}\sim\frac{1}{8}$；窄基塔的宽高比为 $\frac{1}{12}\sim\frac{1}{15}$。

自立式钢管铁塔：是近年来城市电网应用较多的一种塔型，断面有环形和多边形两种，也称钢管电杆。

图 6-2　铁塔分类

铁塔型号以名称代号表达：

表示铁塔用途分类的代号为 Z——直线塔、N——耐张塔、D——终端塔、K——跨越塔、J——转角塔、ZJ——直线转角塔、F——分支塔、H——换位塔。

表示铁塔外形或导地线布置型式的代号为 S——上字型、M——猫头型、V——V 字型、G——干字型、Q——桥型、Me——门型、T——田字型、L——拉线型、CZ——正伞型、SD——侧伞型、Gu——鼓型、W——王字型、C——叉管型、Yu——鱼叉型、J——三角型、Y——羊字型、B——酒杯型。

6.2 杆塔组立技术要点

6.2.1 铁塔组立条件（强制性条文）

（1）铁塔基础经中间检查验收合格。

（2）分解组立铁塔时，混凝土的抗压强度应达到设计强度的 70％。

（3）整体立塔时，混凝土的抗压强度应达到设计强度的 100％；当立塔操作采取有效防止基础承受水平推力的措施时，混凝土的抗压强度允许不低于设计强度的 70％（1990 年版规范是"采用有效防止影响混凝土强度的措施"，在执行中难理解，实际上分解组立塔就是考虑基础不受水平推力，因此混凝土抗压强度允许为设计的 70％，这就不是"特殊情况"了）。

6.2.2 杆塔组立方式及其程序

1. 杆塔组立方式

（1）混凝土电杆及拉线塔，由于分解组立过程整体稳定性差，同时混凝土电杆空中焊接困难采用整体组立。

（2）自立塔。由于组立过程整体稳定性强，可采用分解组立和整体组立。分解组立又分外拉线抱杆，悬浮抱杆，通天抱杆组塔法和倒装组塔法。

（3）起重机吊装法和直升机吊装法。

2. 杆塔组立程序

（1）混凝土电杆整体组立。平整场地、排杆、焊接、地面组装、整体起立，打拉线和回填土。

（2）铁塔整体组立。平整场地、地面组装和整体起立。

（3）铁塔分解组立。

1）干型、双回路、多回路塔，自下而上直至地线横担，利用地线横担吊装相邻导线横担，利用导线横担吊装相邻下方导线横担。

2）倒装组塔法，自上而下进行，分为全倒装组塔法和半倒装组塔法两种。全倒装组塔法是利用4根抱杆，顶部钢丝绳封顶，用井字型拉线固定作提升架，将塔件拖入，进行塔段提升不断接续。半倒装组塔法是先组立一段铁塔，用井字型拉线固定作提升架，拆除一面塔材将塔段拖入，补齐缺面塔材后，进行塔段提升，不断接续，最后与用作提升架塔段合拢。

（4）铁塔吊装。分为整体吊装和分段吊装两种，整体吊装与整体起立基本相同，分段吊装与分解组立基本相同。

6.2.3 混凝土电杆整体组立

1. 混凝土电杆运输及检查

（1）混凝土电杆（指离心环形混凝土电杆）及预制混凝土构件在装卸及运输中严禁互相碰撞、急剧坠落和不正确的支吊，以防止混凝土产生裂缝和其他损伤。

（2）运至桩位的混凝土杆段及预制构件，当放置于地面检查时应符合下列规定：

1）端头的混凝土局部碰损应进行修补。

2）预应力混凝土电杆及构件不得有纵向、横向裂纹；普通钢筋混凝土电杆及细长构件不得有纵向裂缝，横向裂缝宽度不应超过 0.1mm。

3）混凝土电杆的规格、强度、穿钉孔位置，接地螺母位置应符合设计。

2. 排杆

（1）排杆垫木处地基必须稳定，严防下沉。

（2）双杆排在顺线路方向，以根开、对角线找正，穿钉孔、排水孔、接地螺母方向应符合设计要求，控制电杆正面和侧面中心线，保证电杆正直，打紧掩木，防止电杆移动。

（3）测量两根杆导线穿钉孔至杆根长度偏差，调整底盘埋深，使导线横担与立柱连接处的高差符合要求。

3. 焊接

钢圈连接的混凝土电杆，宜采用电弧焊接，焊接操作应符合下列规定：

（1）必须由经过电气焊接培训并考试合格的焊工操作，焊完的焊口应及时清理，自检合格后应在规定的部位打上焊工的代号钢印。

（2）焊前应清除焊口及附近的铁锈及污物。

（3）钢圈厚度大于 6mm 时应用 V 型坡口多层焊。

（4）焊缝应有一定的加强面，其高度和宽度应符合表 6-1 规定。

表 6-1　　　　　　　　　　　　　　焊缝加强面尺寸

项　　目	钢圈厚度 S（mm）	
	<10	10～20
高度 C（mm）	1.5～2.5	2～3
宽度 e（mm）	1～2	2～3
图示		

（5）焊前应做好准备工作，一个焊口宜连续焊成，焊缝应呈现平滑的细鳞形，其外观缺陷允许范围及处理方法应符合表 6-2 规定。

表 6-2　　　　　　　　　　焊缝外观缺陷允许范围及处理方法

缺陷名称	允许范围	处理方法
焊缝不足	不允许	补焊
表面裂纹	不允许	割开重焊
咬边	母材咬边深度不得大于 0.5mm，且不得超过圆周长的 10%	超过者清理补焊

（6）钢圈连接采用气焊时，尚应遵守下列规定：

1）钢圈宽度不应小于 140mm。

2）应减小不必要的加热时间以减少电焊端头混凝土因焊接产生的裂缝，当产生宽度为 0.05mm 以上的裂缝时宜采用环氧树脂进行补修（1990 年版规范提出"采取必要的降温措施"，因为大量试验证明，现有的降温措施都没有效果，将电杆端头松动部分敲掉后，用环氧树脂砂浆修补效果很好，深得运行单位好评，故 2005 年版规范明确采用环氧树脂修补方案）。

3）气焊用的乙炔气应有出厂质量检验合格的证明，气焊用的氧气纯度不应低于 98.5%。

4）电杆焊接后，放置地平面检查时，其分段及整根电杆的弯曲均不应超过对应长度的 2‰，超过时应割断调直，重新焊接（1990 年版规范提出"因焊接的不正造成弯曲度"。因为不论什么原因造成的弯曲度都不应超过 2‰，所以 2005 年版规范提出"放置地平面检查"其目的还在于强调立杆前一定要检查，不应等到立杆后再检查）。

5）电杆钢圈焊接接头焊完后应及时将表面铁锈、焊渣、氧化层清理干净，要按规定进行防锈处理、设计无规定时应涂防锈漆或采用其他防锈措施。

6）混凝土电杆上端应封堵。设计无特殊要求时，下端不封堵，放水孔应打通。

7）以抱箍连接的叉梁，其上端抱箍组装尺寸的允许偏差应为±50mm，分段组合叉梁，组装后应正直，不应有明显的鼓肚，弯曲，横隔梁组装尺寸允许偏差±50mm。

4. 组装

依据设计图纸，先组装导线横担，再装其他。如电杆不正，组装时必将困难需调正电杆再行组装，不得强行组装。

5. 整体起立

（1）制动绳中心，人字抱杆中心（中心桩）及牵引地锚在顺线路方向，并在一条直线上，横线路方向设置临时拉线。

（2）混凝土电杆头部刚离开地面，进行工器具及电杆弯曲检查，如有弯曲，电杆落地调整吊点位置，改善电杆受力避免弯曲。

（3）用制动绳及两侧临时拉线，调整电杆起立方向，并对准底盘。制动绳制动力适当，不使电杆底部前后移动，不产生迈步。

（4）脱抱杆时应放慢起立速度，电杆立至70°时放慢起立速度，并准备好反面拉线，立至约80°停止牵引靠起立工器具重力使电杆垂直，调正电杆，打好临时拉线。

6.2.4 铁塔组立

1. 塔材检查与矫正

（1）塔材的弯曲度应按 GB/T 2694—2010《输电线路塔材制造技术条件》的规定验收。对运至桩位的个别角钢，当弯曲度超过长度的 2‰，但未超过表 6-3 的变形限度时可采用冷矫正法进行矫正，但矫正的角钢不得出现裂纹和镀锌剥落。

表 6-3   采用冷矫正法的角钢变形限度

角钢宽度（mm）	变形限度（‰）	角钢宽度（mm）	变形限度（‰）	角钢宽度（mm）	变形限度（‰）
40	35	75	19	140	10
45	31	80	17	160	9
50	28	90	15	180	8
56	25	100	14	200	7
63	22	110	12.7		
70	20	125	11		

（2）铁塔组立后各相邻节点间塔材弯曲度不得超过 1/750。

（3）铁塔组立后，塔脚板应与基础面接触良好有空隙时应垫铁片，并应浇筑水泥砂浆。铁塔经检查合格后可随时即浇筑混凝土保护帽；混凝土保护帽尺寸应符合设计规定与塔座接合应严密且不得有裂缝。（2005 年版规范增加了"保护帽的尺寸应符合设计规定"的内容。因为保护帽是塔座的重要保护措施，也是工艺要求，所以设计单位应规定保护帽尺寸。如果设计单位没有规定，图纸会审中应给予明确；另 1990 年版规范规定耐张铁塔应在架线后浇筑保护帽，2005 年版规范改为架线前浇筑保护帽，有利于防护，经验证明架线的张力不会造成耐张塔塔座受力后而偏移）。

2．平整场地

满足分解组塔及整体组塔地面组装需要依据组塔方式，确定平整范围，地面整平。

3．地面组装

（1）整体组立铁塔顺线路方向组装，垫木高低与铁塔坡度一致，尤其拉线塔立柱各垫木高度必须合适，主材不得变形，螺栓必须紧固，否则起立后立柱弯曲。

（2）分解组立塔材横线路方向组装，垫木高低一致，侧面组装成片，连接正面塔材。

4．整体组立

施工布置、起立控制与电杆整体起立基本相同但要注意以下几点：

（1）铁塔吊点使用专用工具，不宜用吊套绑扎，防止吊点处塔材变形。

（2）用控制绳及两侧拉线控制好塔腿位置，对正基础，不得产生偏移，保证铁塔就位顺利。

（3）铁塔重心较高，质量较大，反面拉线严加控制，防止向起立方向倾斜。

（4）先就位起立方向塔腿，拆除立塔绞具，再就位制动方向塔腿，然后与基础连接牢固。

5．外加线抱杆（通天抱杆）、悬浮抱杆分解组立

（1）抱杆布置。

1）外加线抱杆固定在设有水平材的主材上（通天抱杆置于基础中心），用钢丝绳绑扎固定，顶部打 4 条拉线，拉线与顺线路方向夹角呈 45°，拉线与地面夹角不大于 45°，抱杆倾斜角不大于 15°，顶部挂滑车穿牵引绳，牵引绳一端挂起吊件，另一端经转向滑车至绞磨。

2）悬浮抱杆4条承托绳固定在水平材上部的主角钢上，使抱杆下端在铁塔中心线方向，并使外露已组塔段高度，满足组塔要求。悬浮抱杆分内拉线、外拉线抱杆两种。4条内拉线固定在水平材下部的主材上。外拉线与外拉线抱杆布置相同，抱杆倾斜角不大于5°，顶部挂滑轮组，下滑轮挂吊件，滑轮组钢丝绳经转向滑车至绞磨。

（2）塔材地面组装成片，连上相邻面斜材，吊点位置略高于起吊件重心，两吊点处横向补强，吊点处垫物防止吊件变形。

（3）起吊件下部拴调整绳，调整绳与地面夹角不大于45°，控制起吊方向，起吊件与已组塔段的距离在0.5m以上，防止塔段相碰，牵引力增大及塔材变形。

（4）起吊件与已组塔段组合后，打上临时拉线，防止起吊件倾斜，产生弯曲。

6. 摇臂抱杆分解组塔

（1）用起伏滑轮组调整好吊臂角度，并装保险绳。

（2）三个吊臂挂平衡滑轮组与塔腿固定，另一吊臂挂起吊滑轮组，下滑轮挂吊件，滑轮组钢丝绳经转向滑车至绞磨，起吊件刚离地面时调整好与塔腿固定的滑轮组，尤其注意平衡侧滑轮组的调整，使抱杆呈竖直。

（3）沿抱杆8～10m装一道腰环与铁塔固定。

（4）地面组装及补强与外拉线组塔方法相同，调整绳控制与外拉线抱杆相同。

7. 倒装组装

（1）抱杆顶部悬挂滑车，相邻抱杆滑车穿钢丝绳，绳端与塔腿下部连接，钢绳套经塔腿处转向滑车，置入一次平衡滑车（两塔腿归一）。两个一次平衡滑车之间连接钢绳套置入第二次平衡滑车（四塔腿归一），二次平衡滑车与牵引绳滑轮组相连，牵引绳至绞磨，构成平衡提升系统。

（2）铁塔四角设置临时拉线与塔头固定。拉线对地夹角不大于45°，正面、侧面设置经纬仪，构成监视系统，各作业点配置通信工具。

（3）平衡滑车处并联手扳葫芦，铁塔刚离地面时利用手板葫芦将四腿调平，然后提升。

（4）提升过程用经纬仪监视铁塔是否垂直提升，如有倾斜向指挥报告，由指挥发令调整拉线，不断向指挥报告调整情况。

（5）提升到略高于待续段时，中止牵引，并锁住牵引绳。

（6）将待续段拖入提升架内，找正位置，松动装上接头铁，松牵引绳，使已组塔段回落，控制回落方向，对正接头铁将其与待续塔段连接。

（7）放松平衡绳系统，提升钢绳与又一待续段连接，再次提升。依次反复直至组塔结束。

（8）倒装组塔应当日结束，否则，提升部分着地并打好临时拉线，临时拉线及地锚必须有足够的抗风能力，夜间设人看护。

8. 机械吊装

（1）机械位置合适，保证吊装中连续顺利。

（2）吊套长度一致，地面试吊进行调平，呈水平起吊。

（3）吊点横向补强，吊点垫物，防止塔材变形。

（4）螺栓必须紧固，防止起吊塔材变形。

6.2.5 钢管电杆组立

因送电线路采用钢管杆越来越多，所以 2005 年版规范增加了这部分内容，由于钢管电杆的使用，通常在城市道路旁，以增加城市美的风景线或至少也是交通较方便，吊车较易到达之地，组立方法或采用像混凝土电杆的整体组立或机械吊装，这里不再重复，但要注意下列几点：

（1）钢管电杆在装卸及运输中杆端应有保护措施，运至桩位的杆段及构件不应有明显的凹坑，扭曲等变形。

（2）杆段间的接头方式目前有以下三种：

1）圆环形钢管电杆多采用焊接，这种接头的质量要求与混凝土电杆相同。

2）多边形断面钢管电杆多用套插接头，这种接头靠轴向力套装，关键是套接长度不能小于设计值。

3）圆环形，多边形断面钢管电杆都有采用法兰螺栓接头。

（3）钢管电杆连接后，其分段及整根电杆的弯曲均不应超过其对应长度的 2‰。

（4）架线后直线电杆的倾斜应不超过杆高的 5‰，转角杆组立前宜向受力侧予倾斜，予倾斜值由设计确定。

6.2.6 拉线安装

（1）拉线线夹（压接型、楔型）握着强度试验，根据设计要求进行。压接线夹的握着强度一般应不少于钢绞线保证计算拉断力的 95％；楔形线夹的握着强度应不小于钢绞线保证计算拉断力的 90％。

（2）现场量尺。清除拉线棒堆土，杆塔调正，拉线棒对准挂点方向，拉尺测量拉线棒与拉线挂点距离，亦可通过测量计算确定拉线棒与拉线挂点距离。

（3）拉线下料。将钢绞线置于平地，尽量拉直，下料长度应满足安装时 UT 线夹螺杆露出双螺母。

（4）楔形线夹连接应符合下列规定：

1）线夹的凸肚应在线尾一侧，线尾外露 300～500mm，尾线回头与本线用镀锌铁线扎牢或压牢，断头侧应采取有效措施以防散股。

2）拉线弯曲部分不应有明显松股，弯曲度应与舌板一致，使线夹的舌板与拉线紧密接触受力后不应滑动，安装时不应用铁锤直接锤击使线股损伤。

3）同组拉线使用的两个线夹，或同基拉线的各个线夹，线夹尾端方向应一致、统一。

（5）压接型线夹的拉线安装时应符合下列规定：

1）当采用液压线夹连接，其断线、清洗、压接应符合 DL/T 5285—2013《输变电工程架空导线及地线液压压接工艺规程》规定。

2）当采用外爆压线夹连接，其断线、清洗、保护层缠绕、药包缠绕、引爆位置均应符合相关现行国家标准的规定。

（6）拉线安装；挂好拉线之后，拉线与拉棒松紧装置将其收紧，装上螺母后晃动拉线棒，使拉线棒呈自由状态，避免拉线棒伸直后拉线松驰，如集中加工，每条拉线应标上使用桩号及其位置。

6.3 杆塔组立质量要点

（1）螺栓穿向及安装要求。

螺栓的穿入方向应符合下列规定：

1）对立体结构。

a. 水平方向由内向外。

b. 垂直方向由下向上。

2）对平面结构。

a. 顺线路方向，由送电侧穿入或按统一方向穿入。

b. 横线路方向，两侧由内向外，中间由左向右（指面向受电侧）或按统一方向。

c. 垂直方向由下向上，斜向者宜由斜下向斜上穿，不便时应在同一斜面内取统一方向。

规定螺栓穿入方向的目的是为紧固螺栓提供方便，便于拧紧，为质量检查提供方便，达到统一、整齐、美观的目的。因为 500kV 铁塔塔身（或塔腿）的主体结构中有斜平面，所以新增加了对斜平面螺栓穿向的规定是对于个别螺栓不易安装时，穿入方向允许变更处理。

（2）杆塔各构件的组装应牢固，交叉处有空隙者，应装设相应厚度的垫圈或垫板。

（3）当采用螺栓连接构件时，应符合下列规定：

1）螺杆应与构件面垂直，螺栓头（1990 年版规范为螺栓头平面）与构件间的接触处不应有空隙。

2）螺母拧紧后，螺杆露出螺母的长度；对单螺母不应小于 2 个螺距，对双螺母，可与螺母相平。

3）螺杆必须加垫者，每端不宜超过两个垫圈（1990 年版规范为垫片）。

4）螺栓的防卸，防松应符合设计要求。

（4）杆塔部件组装有困难时，应查明原因，严禁强行组装，个别螺孔需扩孔时，扩孔部分不应超过 3mm，当扩孔需超过 3mm 时，应先堵焊再重新打孔，并进行防锈处理，严禁用气割进行扩孔或烧孔。

（5）杆塔连接螺栓应逐个紧固，4.8 级螺栓的扭紧力矩不应小于下表 6-4 标准值。4.8 级以上的螺栓扭矩标准值由设计规定，若设计无规定时，宜按 4.8 级螺栓的扭紧力矩标准执行（实际上从施工结果来看 4.8 级螺栓扭矩标准螺栓都已达到紧固目的了。况且铁塔螺栓都是受剪切力，仍应拧紧，但拧得过紧不一定有利。2005 年版规范取消了"防止在拧紧螺栓中出现过紧的偏差）。

表 6-4 螺栓紧固扭矩标准值

螺栓规格	扭矩值（N·cm）	螺栓规格	扭矩值（N·cm）
M12	4000	M20	10000
M16	8000	M24	25000

螺杆与螺母的螺纹有滑牙或螺母的棱角磨损以致扳手打滑的螺栓必须更换。

（6）杆塔连接螺栓在组立结束时，必须全部紧固一次，检查扭矩合格后方准进行架线（1990 年版规范把检查扭矩放在架线后进行是不合适的。2005 年版规范强调了杆塔组立后，架线前的螺栓紧固，以避免架线受力后使杆塔产生局部变形，把检查扭矩的工作改为杆塔验收的依据），架线后，螺栓还应复紧一遍，受紧后应随即在塔顶部至下横担以下 2m 之间及基础顶面以上 3m 范围内的全部单螺母螺栓的外露螺纹上涂以灰漆，以防止螺母松动，使用防盗、防松螺栓时不再涂漆。

福建省电力有限公司架空输电线路反事故措施中明确"偏远山区的新建杆塔在 8m 以下应采用防盗螺栓和防盗脚钉在人口密集区及运行经验上表明的严重偷盗地区新建杆塔横担以下应采用防盗螺栓和防盗脚钉"。

（7）杆塔允许偏差。

1）杆塔组立及架线后其允许偏差应符合表 6-5 之规定。

表 6-5　　　　　　　　　　杆塔组立及架线后其允许偏差　　　　　　　　（mm）

偏差项目	电压等级			
	110kV	220～330kV	500kV	高塔
电杆结构根开	±30	±5‰	±3‰	—
电杆结构面与横线路方向扭转（即迈步）	30	1‰	5‰	—
双立柱杆塔横担在立柱连接处的高差（‰）	5	3.5	2	—
直线杆塔	3	3	3	1.5
直线杆塔结构中心与中心桩间横线路方向位移（mm）	50	50	50	—
转角杆塔结构中心与中心桩横线路方向位移（mm）	50	50	50	—
等截面拉线塔立柱弯曲	2‰	1.5‰	1‰最大 30mm	—

注　直线杆塔结构倾斜不含套接式钢管电杆。

2）自立式转角塔。终端塔应组立在倾斜平面的基础上，向受力方向预倾斜，倾斜值应视塔的刚度及受力大小由设计确定。架线挠曲后，塔顶端仍不应超过铅垂线而偏向受力侧，架线后铁塔的挠曲度超过设计规定，应会同设计处理。

3）拉线转角杆、终端杆，导线不对称布置的拉线直线单杆，在架线后拉线点处的杆身不应向受力侧挠倾。向受力反侧（或轻载侧）的偏斜不应超过拉线点高的 3‰。

4）工程移交时，杆塔上应有下列固定标志（与 DL/T 5092—1999《110kV～500kV 架空送电线路设计技术规程》第 17.0.2 条规定相吻合）。

a. 线路名称或代号及杆塔号。

b. 耐张型、换位型杆塔及换位杆塔前后相邻各一基杆塔的相位标志。

c. 高塔按设计规定装设的航行障碍标志。

d. 多回路杆塔上的每回路位置及线路名称。

（8）拉线。

1）杆塔拉线应在监视下对称调整，防止过紧或受力不均而使杆塔产生倾斜或局部弯曲。

2）对一般杆塔的拉线应进行调整且要求拉线收紧即可，对设有初应力规定的拉线应按设计要求的初应力允许范围且观察杆塔倾斜不超过允许值的情况下进行安装与调整。

3）架线后应对全部拉线进行复查和调整、拉线安装后应符合下列规定：

a. 拉线与拉线棒应呈一直线。

b. X 型拉线的交叉点处应留有足够的空隙，避免相互磨碰。

c. 拉线的对地夹角允许偏差为 1°。

d. NUT 型线夹带螺母后的螺杆必须露出螺纹，并应留有不小于 1/2 螺杆的可调螺纹长度以供运行中调整，NUT 线夹安装后应将双螺母拧紧并应装设防盗罩。

e. 组合拉线的各根拉线应受力均衡。

（9）浇制保护帽。

1）铁塔组立后，塔脚底板应与基础面接触良好，空隙处应用铁片填塞，并灌以水泥砂浆。直线塔及耐张塔经检查合格后可随即浇制塔座保护帽，其作用在于保护地脚螺栓的螺母不被拆除及避免塔座积水。

2）保护帽浇制前应将立柱顶面外露部分打毛清洗干净，保护帽的混凝土强度等级应符合设计要求，设计无规定时，可按基础混凝土强度等级或低一级施工。

3）塔座保护帽的混凝土浇制必须设置模板，做成四方断面，保护帽的断面尺寸及高度应符合设计要求，设计无规定时可按下述要求处理：

a. 顶面应高出地脚螺栓顶面 100～150mm。

b. 断面尺寸应超出塔脚板边缘 100～150mm 或与基础立柱断面相同。

4）保护帽的浇制应里实外光，无裂纹，顶面应有淌水坡度。

5）保护帽的混凝土内严禁掺片石及其他杂物。

6）保护帽的浇制、捣固、养护必须由专人负责，如同基础混凝土施工同样严格管理。

7

架 线 工 程

导线、避雷线和光纤复合地线（以下统称为架空线）的架设，是架空送电线路工程施工安装的重要分部工程。它的任务是将架空线通过绝缘子串及连接金具，按照工程设计要求的架线张力（弛度）架设于已组立完好的杆塔上。其施工方法按照架线全过程可分为非张力放线架设和张力放线架线法。架空线架设主要工序有放线、连接、紧线和附件安装。

架线工程这部分与 1990 年版规范相比增加了光缆架设，有机合成绝缘子及玻璃绝缘子的有关内容，删除了原规范中与 SDJ 276—1990《架空电力线外爆压接施工工艺规程》（已废止）及 DL/T 5285—2013《输变电工程架空导线及地线液压压接工艺规程》两个标准重复的内容，保留了钳压部分的内容。

7.1 架 空 线 的 分 类

高压送电线路的架空线根据其用途、材料及结构等进行分类如图 7-1 所示。

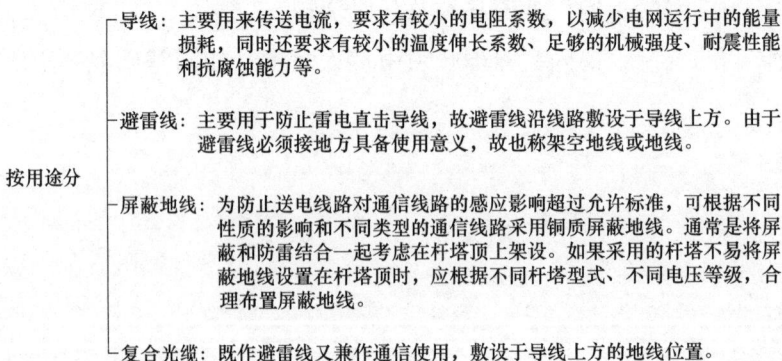

按用途分
- 导线：主要用来传送电流，要求有较小的电阻系数，以减少电网运行中的能量损耗，同时还要求有较小的温度伸长系数、足够的机械强度、耐震性能和抗腐蚀能力等。
- 避雷线：主要用于防止雷电直击导线，故避雷线沿线路敷设于导线上方。由于避雷线必须接地方具备使用意义，故也称架空地线或地线。
- 屏蔽地线：为防止送电线路对通信线路的感应影响超过允许标准，可根据不同性质的影响和不同类型的通信线路采用铜质屏蔽地线。通常是将屏蔽和防雷结合一起考虑在杆塔顶上架设。如果采用的杆塔不易将屏蔽地线设置在杆塔顶时，应根据不同杆塔型式、不同电压等级，合理布置屏蔽地线。
- 复合光缆：既作避雷线又兼作通信使用，敷设于导线上方的地线位置。

图 7-1 高压送电线路的架空线的分类（一）

钢绞线：用镀锌高碳钢丝绞制而成，机械强度大，具有一定的防腐能力，主要用作避雷线、屏蔽线或杆塔拉线。钢绞线代号用"GJ"表示。

铝绞线：用铝线股绞制而成。导电性能好，机械强度低，有一定防腐能力，主要用于低压电力线路及配电线路。铝绞线代号用"JL"（旧型号为"LJ"）表示。

按材料分 ─ 铝合金绞线：用铝镁合金线股绞制而成。电阻系数比纯铝线大13%左右，强度比纯铝线大近一倍，一般用在大跨越处。铝合金绞线代号用"JLHA"表示，其中"JLHA1"为热处理型，"JLHA2"为非热处理型，A1、A2为高强度。

钢芯铝绞线：代号为JL/G1A、JL/G1B、JL/G2A、JL/G2B等，旧型号为LGJ。G1A、G1B为普通强度钢线，G2A、G2B为高强度钢线，G3A为特高强度钢线。

复合光缆：由钢线、铝包钢线及光纤管绞制而成，代号为OPGW。

防腐型钢芯铝绞线：代号为JL/G1AF、JL/G2AF等，旧型号为LGJF。

单股线：由一股线构成。

多股线：由多股绞制而成。

复合多股绞线：用钢绞线股为芯，铝线股或铝合金线股为外层绞制而成。通称为钢芯铝绞线或钢芯铝合金绞线。这类导线导电性能好，强度比较高，高压送电线路广泛应用。钢芯铝合金线代号为JLHA2/G1A等。

按结构分 ─ 铝包钢绞线：用铝包钢股同钢芯绞制而成，有足够的机械强度及一定导电性能，多用作载波通信的绝缘避雷线。代号为JLB1A、JLB1B等。

特殊结构线：如为了减少电量损失使用扩径导线，增大导线有效半径；为了提高抗震能力，使用空心环型导线。

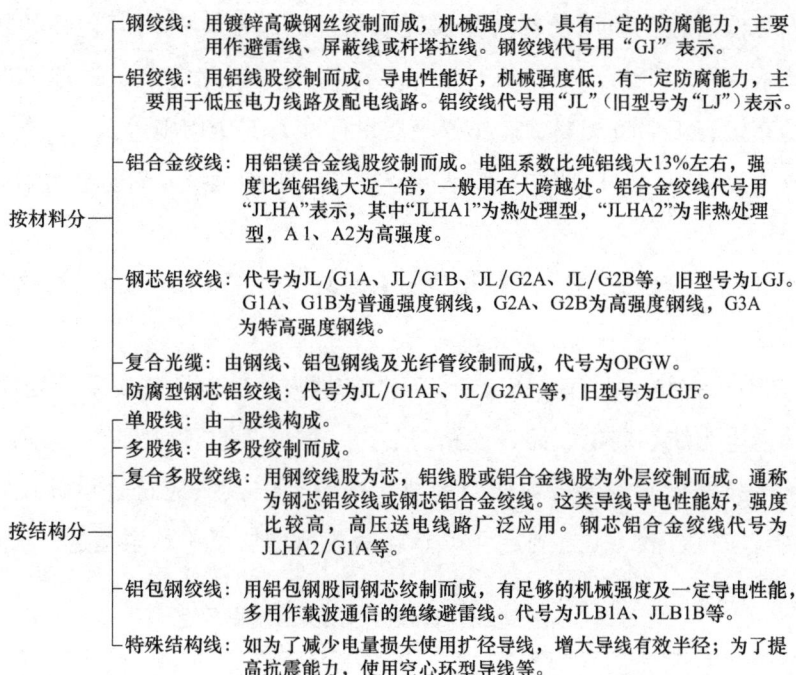

图 7-1　高压送电线路的架空线的分类（二）

7.2　架线前必须具备的条件和放线的一般规定

1. 架线前必须具备的条件

（1）基础混凝土强度已经达到设计强度的100%。

（2）架线前必须对将拟架线的杆塔安装质量进行一次全面复检。检查杆塔主材弯曲度、杆塔螺栓扭矩、杆塔结构倾斜；拉线制作及安装工艺、杆塔焊接质量、部件数量及塔材外观质量、耐张杆塔上的挂线板、挂线架及挂线板弯曲方向、线路档距、杆塔地面标高等是否符合设计图纸及现行规范要求。如果杆塔缺件（含螺栓、垫圈等）要经检查判定不影响架线施工。同时架线段杆塔的接地装置必须敷设完好，并与杆塔可靠连接。杆塔已经中间验收合格。

2. 放线的一般规定

（1）放线前应有完整有效的架线（包括放线、连接、紧线及附件安装等）施工技术条件。由于架线工作战线长、高空作业频繁、操作危险而复杂且对工程质量影响较大，所以2005年版规范增加了这条规定，对施工具有很强的指导性和可操作性，是施工人员必须执行的强制性文件。架线施工技术文件应由架线施工有经验的技术人员依据施工图、设备情况及现场条件而编制，其内容包括架线施工图的审查、技术准备、材料准备、机具准备、障碍物的清除等及放线段和紧线段的划分，现场布置、工器具配置、操作要求质量标准、安全措施等。

（2）放线过程中，对展放的导线或架空地线（也称地线）应进行外观检查且应符合下列规定：

1）导线或架空地线的型号、规格应符合设计（2005 年版规范增加这一款）的要求。

2）对制造厂在线上设有损伤或断头标志的地方，应查明情况妥善处理。

（3）跨越电力线、弱电线路、铁路、公路、索道及通航河流时，必须有完整可靠的跨越施工技术措施，导线或架空地线在跨越档内接头应符合设计规定，当设计无规定时，应符合表 7-1 之规定（2005 年版规范增加了跨越索道这一项目）。

表 7-1　　　　　　　　　　导线或架空地线在跨越档内接头的基本规定

项目	铁路	公路	电车道（有轨或无轨）	不通航河流	特殊管道	索道	电力线路	通航河流	弱电线路
导线或架空地线在跨越档内接头	标准轨距，不得接头；窄轨；不限制	高速公路一级公路不得接头；二、三、四级公路不限制	不得接头	不限制	不得接头	不得接头	110kV 及以上线路不得接头 110kV 以下线路不限制	一、二级不得接头、三级及以下不限制	不限制

（4）放线滑车的使用应符合下列规定：

现执行 DL/T 685—1999《放线滑轮基本要求、检验规定及测试方法》，1990年版规范的《放线滑轮直径和槽形标准》已被删除。

1）轮槽尺寸及所用材料应与导线或架空地线相适应，保证导线或架空地线通过时不受损伤。

2）导线放线滑车轮槽底部的轮径，应符合国家现行标准 DL/T 685—1999《放线滑轮基本要求、检验规定及测试方法》的规定，展放镀锌钢绞线架空地线时，其滑车轮槽的轮径与所放钢绞线直径之比不宜小于 15；钢芯铝绞线直径与槽底轮径之比不宜小于 20。

3）对严重上扬，下压或垂直档距很大处的放线滑车应进行验算，必要时应采用特别的结构。

4）应采用滚动轴承滑轮，使用前应进行检查并确保转动灵活。

7.3 非 张 力 放 线

由于条件限制不适于采用张力放线的线路工程及部分改建、扩建工程可采用人力或机械牵引放线。这是 2005 年版规范新增条文，对非张力放线的电压等级施工范围进行了规定。

1. 放线前的准备工作

放线前，准备工作的主要内容包括清除线路通道内的障碍物，搭设跨越架、直线杆塔悬挂绝缘子串及放线滑车（含地线放线滑车），导地线的布置及线轴架设等。

（1）人力放线中应设专人在前伶线，伶线负责人的职责如下：

1）负责引导拖线人员对准线路方向拖线，不得转弯或绕道。

2）负责瞭望放线后方（即线轴场及护线人员）传来的信号。

3）组织拖线人员同时均匀用力并控制放线速度。

4）每拖线到一基杆塔时，负责将引绳与导（地）线连接。

5）遇到交叉跨越物时，负责按施工方案将导（地）线翻过跨越物。

6）放线顺序一般是先紧后放的原则，避免线间压叠。同时有导、地线时，先放三相导线，后放两条地线。如果是双回路同杆塔架设时，应先放下线，再放中线，上线，最后是地线。

（2）机动牵引放线是指用机动绞磨或牵引机（含汽车、拖拉机）作为牵引动力，利用防扭钢丝绳作为牵引绳来牵拉导（地）线，以达到展放导（地）线的目的，它与张力放线的差别在于机动牵引放线张力很小，导（地）线基本上是拖地展放，而张力放线是离地展放。

1）机动绞磨场地应尽量布置在线路中心线上，以满足牵拉各相导地线时位置不变，如果地形限制也可设置转向滑车进行拐向牵引。机动绞磨位置尽量选在较低但不积水的位置，其尾线侧应用三联桩或地锚固定。

2）机动牵引放线前，应用人工在放线段内展放 $\phi10$ 防扭钢丝绳做牵引绳，牵引绳遇到跨越架时，应将其与跨越架顶的尼龙绳连接，利用尼龙绳将牵引绳拉过跨越架，牵引绳之间用 30kN 抗弯连接器连接。

（3）机动绞磨场应设专人负责瞭望至线轴侧各监护点信号，一旦有故障信号（带红旗）发出，应立即停止牵引。

（4）机动牵引放线，宜每次牵一条导线或地线展放一条完毕再展放另一条导

（地）线。同时牵放几根线时，要随时检查线位，防止交叉或打绞。

（5）放线顺序与人力放线相同。

2. 导线的质量要点及处理

（1）导线在同一处损伤，同时符合下列情况时可以作修补，只将损伤处棱角与毛刺用×0 砂纸磨光。

1）铝、铝合金单股损伤深度小于股径的 1/2。

2）钢芯铝绞线及钢芯铝合金绞线损伤面积为导电部分截面积的 5% 及以下，且强度损失小于 4%。

3）单金属绞线损伤截面积为 4% 及以下。

注：1. 同一处损伤面积是指该损伤处在一个节距内（任意一根单线形成的一个完整螺旋的轴向长度称为一个节距）的每股铝丝沿铝股损伤最严重处的深度换算出的截面总和（下同）。

2. 损伤深度达到直径的 1/2 时，按断股考虑。

（2）导线在同一处损伤需要补修时，应符合下列规定。

导线损伤补修处，标准应符合表 7-2 规定。

表 7-2　　　　　　　　　　　　导线损伤补修处理标准

处理方法	线　　别	
	钢芯铝绞线与钢芯铝合金绞线	铝绞线与铝合金绞线
以缠绕或补修预绞丝修理	导线在同一处损伤的程度已经超过不作修补的规定，但因损伤导致强度损失不超过总拉断力的 5% 时，且截面积损伤又不超过总导电部分截面积的 7% 时	导线在同一处损伤的程度已超过不作修补的规定，但因损伤导致强度损失不超过总拉断力的 5% 时
以补修管补修	导线在同一处损伤的强度损失已超过总拉断力的 5% 时，但不足 17%，且截面积损伤不超过总导电部分截面积的 25% 时	导线在同一处损伤的强度损失已超过总拉断力的 5% 时，但不足 17%

（3）采用缠绕处理时应符合下列规定：

1）将受伤线股处理平整。

2）缠绕材料应为铝单丝，缠绕应紧密，回头应绞紧处理平整，其中心应位于损伤最严重处，并应将受伤部分全部覆盖，其长度不得小于 100mm。

（4）采用补修预绞丝处理时应符合下列规定：

1）将受伤处的线股处理平整。

2）修补预绞丝长度不得小于 3 个节距或符合现行国家标准 GB 2337《预绞丝》中的规定。

3）修补预绞丝应与导线接触紧密，其中心应位于损伤最严重处并将损伤部位全部覆盖。

（5）采用补修管补修时应符合下列规定：

1）将损伤处的线股先恢复原绞制状态，线股处理平整。

2）补修管的中心应位于损伤最严重处需补修的范围应位于管内各 20mm。

3）补修管可采用钳压、液压或爆压，其操作必须符合有关压接的要求。

注：导线总拉断力是指计算拉断力。

（6）导线在同一处损伤出现下述情况之一时必须将损伤部分全部割去，重新以接续管连接。

1）导线损失的强度或损伤的截面积超过采用补修管补修的规定时。

2）连续损伤的截面积或损失的强度都没超过补修管补修的规定，但其损伤长度已超过补修管能补修范围。

3）复合材料的导线钢芯有断股。

4）金钩破股已使钢芯或内层铝股形成无法修复的永久性变形。

（7）作为架空地线的镀锌钢绞线，其损伤应按表 7-3 规定予以处理。

表 7-3　　　　　　　　　　　　镀锌钢绞线损伤处理规定

绞线股数	处理方法		
	以镀锌铁丝缠绕	以补修管补修	锯断重接
7	—	断 1 股	断 2 股
19	断 1 股	断 2 股	断 3 股

3. 导地线的检查与损伤的计算

（1）导地线的检查。放线过程中，对展放的导线及避雷线应认真进行外观检查，对于制造厂在线上设有损伤断头标志的地方，应查明情况，妥善处理。

（2）损伤的计算。导线损伤的测量及损伤面积的计算方法为“同一处”损伤面积系指该处在一个节距内的每股铝股损伤最严重处的深度换算出的截面积总和，这个截面积的总和与导电部分总面积之比，即为损伤截面积比（百分数）。

1）节距的测量方法如图 7-2 所示，将一张白纸盖在导线上，用手压摩，沿导线磨划一段距离。（这段距离不应小于该导线外层铝股的总数）纸上留有黑色印记。然后自左端某一处划一直线记号，再自此股向右侧数股数，数到外层铝股数

图 7-2　导线节距测量

总和，再划一直线记号，则此两记号之间的距离就是该导线的一个节距，图 7-2 中一个节距即为外层铝股为 24 股一个节距之长度。

2）测量该节距内导线损伤的总面积，第一步先查清有损伤的铝股总数量，第二步将每股损伤最严重处找到（所谓损伤就是该股铝股被磨损后使原来是圆的线股减少一块面积如下图 7-3 所示）测量损伤导线的每股深度，即可将该弓形面积求出，测量及计算弓形面积的方法有以下两个：

方法一为使用游标卡尺测出弦高 h，用式（7-1）计算出它的损伤面积

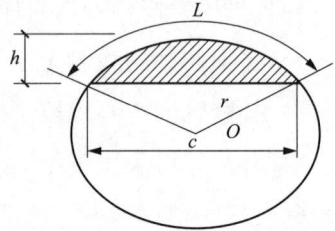

图 7-3　导线损伤面积测量

$$f_s = 0.00436 d^2 \cos^{-1} \frac{d - 2h}{d} - \frac{(d - 2h)}{2} \cdot \sqrt{h(d - h)} \quad (7\text{-}1)$$

式中　f_s——单股导线损伤面积，mm^2；

　　　d——单股导线直径，mm；

　　　h——单股导线被磨损部位的弦高，mm。

方法二为如认为测量 h 有困难，可以直接测量弦长 C，然后按下式计算出它的面积

$$f_s = 0.00436 d^2 \cdot \sin^{-1} \frac{c}{d} - \frac{c \sqrt{d^2 - c^2}}{4} \quad (7\text{-}2)$$

式中　c——单股导线被磨损掉部分的弦长，mm；

　　　f_s、d——同前。

若损伤不是磨损而是砍伤，则只能用公式 7-1，以砍伤深度 h，计算它的损伤面积。

3）损伤导线的截面积损失百分值计算。损伤导线的截面积损失系指导电部分的截面积损失，即铝股损伤截面积，以所占导线部分的截面积百分值表示。损伤导线的截面积损失百分值按式（7-3）计算

$$F_s\% = \frac{F_s}{F_a} \times 100\% \quad (7\text{-}3)$$

式中　F_s、$F_s\%$——同一处导电部分损伤截面积，mm^2；及其百分值；

　　　F_a——导电部分截面积，mm^2。

（3）导线损伤的标准样品对比检查方法为可先制作不同损伤程度的具有代表

性的导线磨损标准样品，工作人员在施工现场将被磨损的导线与样品相对比，判断导线的损伤程度。若其导线损伤程度用此法难于准确判断时，仍按前述方法进行。

（4）导线损伤强度计算为依据导线损伤总面积。计算由此造成的强度损失。

1）钢芯铝绞线未受损伤时，总的计算拉断力按式（7-4）计算

$$P_{\mathrm{B}} = n_{\mathrm{a}} \cdot \sigma_{\mathrm{a}} \cdot f_{\mathrm{a}} + n_{\mathrm{g}} \cdot \sigma_1\% \cdot f_{\mathrm{g}} \tag{7-4}$$

式中　P_{B}——计算拉断力，N；

　　$n_{\mathrm{a}} \cdot n_{\mathrm{g}}$——铝线及钢芯股数；

　　　σ_{a}——铝线单股绞前抗拉强度最小值，其数值见表 7-4；

　　　$\sigma_1\%$——钢芯伸长 1% 时的应力其数值见表 7-5。

表 7-4　　　　　　　　圆铝线的机械性能（绞前）

标称线径（mm）	抗拉强度不小于（N/mm²）	标称线径（mm）	抗拉强度不小于（N/mm²）
1.26～1.50	193	2.76～3.00	169
1.51～1.75	188	3.01～3.25	166
1.76～2.00	184	3.26～3.50	164
2.01～2.25	180	3.51～3.75	162
2.26～2.50	176	3.76～4.20	160
2.51～2.75	173	4.21～5.00	159

表 7-5　　　　　　　　镀锌钢丝的机械性能（绞前）

标称线径（mm）	伸长 1% 的应力不小于（N/mm²）	抗拉强度不小于（N/mm²）
1.25～1.50	1172	1310
1.51～1.75	1172	1310
1.76～2.25	1172	1310
2.26～2.75	1138	1310
2.76～3.00	1138	1310
3.01～3.50	1103	1310
3.51～3.80	1103	1310

2）导线损伤部分的拉断力按式（7-5）计算

$$p_{\mathrm{s}} = \sigma_{\mathrm{a}} \cdot \Sigma f_{\mathrm{s}} \tag{7-5}$$

式中　p_{s}——同一处损伤部分的拉断力，N；

　　Σf_{s}——同一处损伤部分截面积之和，mm²；

　　　σ_{a}——同前。

3）损伤导线的强度损失百分值计算为损伤导线的强度损失系指导电部分的强度损失，即由于铝股损伤而导致抗拉强度下降，损伤导线的强度损失百分值表示。损伤导线的强度百分值按式（7-6）计算

$$p_s\% = \frac{p_s}{p_B} \times 100\% \tag{7-6}$$

式中 p_s、$p_s\%$——同一处损伤导线的强度损失值及其百分值，N；

p_B——计算拉断力，N。

7.4 张 力 放 线

张力放线系利用牵引机，张力机等施工机械展放架空线使架空线在展放过程中离开地面而呈架空状态，张力放线的基本程序为先展放导引绳，用导引绳牵放牵引绳，然后以牵引绳牵引架空线。张力放线施工方法的优点是可以避免架空线与地面摩擦而致伤，从而减轻运行中的电晕损失及无线电系统干扰；施工作业高度机械化，可达到施工速度快，工效高；用于跨越江河、公路、铁路、经济作物区、山区、泥沼、河网地带复杂地形条件，更能取得良好经济效益，特别能保护生态环境，减少农作物损失。

张力架线方式有多种，但常用的是两种。一种是地线采用钢绞线时，且先于导线单独用非张力放线，导线用张力放线方法架设，称地线与导线分别展放的张力放线。二是地线与导线同步架设，且均摊用张力放线方法架设，适用于地线采用钢芯铝绞线，铝包钢线或者沿线交叉跨越较多的情况，称导、地线张力放线。

7.4.1 张力放线施工技术要点

1. 施工技术基本规定

（1）在张放线的操作中除遵守以下规定外，尚应符合国家现行标准 SD JJS 2—1987《超高压架空输电线路张力架线施工工艺导则》的有关规定。

1）电压等级为 330kV 及以上线路工程的导线展放必须采用张力放线。

2）良导体架空地线及 220kV 线路的导线展放也应采用张力放线。110kV 线路工程的导线展放宜采用张力放线。

2005 年版规范删去了 1990 年版规范"较低电压等级的线路工程的导线展放宜采用张力放线"这一段内容，对 220kV 和 110kV 线路工程张力放线的范围做了规定：220kV 线路工程原则上应采用张力放线，但考虑到 220kV 线路改扩建及其他

情况原因还需用人力或机械展放导线，所以对电压等级 220kV 线路工程张力放线用"也应采用"张力放线的提法。对于 110kV 线路工程导线展放用"宜采用"张力放线，这说明 110kV 线路工程是否采用张力放线可视施工具体情况而定。有条件时应采用张力放线，另因变电站进出口都是松弛档，设计施工都不考虑张力放线，所以 2005 年版规范删去备注栏里"变电站进出口档不应采用张力放线"。

（2）张力展放导线用的多轮滑车除应符合国家现行标准 DL/T 685—1999《放线滑轮基本要求、检测规定及测试方法》的规定外，其轮槽宽度应能顺利通过接续管及其护套，轮槽应采用挂胶或其他韧性材料，滑轮的摩阻系数不应大于 1.015。

2005 年版规范执行的《放线滑轮与槽形》旧标准改为 DL/T 685—1999《放线滑轮基本要求、检测规定及测试方法》新标准。因为滑轮摩阻系数难以测定，放在同一区段内也不易办到，所以删除"摩阻系数接近的滑车宜使用在同一放线区段内"的要求。

（3）张力机放线主卷筒槽底直径 $D \geqslant 40d - 100$mm（d——导线直径）。张力机尾线轴架的制动力与反转力应与张力机匹配，主张力机轮径必须符合 DL/T 875—2004《输电线路施工机具设计、试验基本要求》的规定。2005 年版规范增加这一条文的目的是保证张力放线的质量。

（4）张力放线区段的长度不宜超过 20 个放线滑轮的线路长度，当难以满足规定时，必须采取有效的防止导线在展放中受压损伤及接续管出口处导线损伤的特殊施工措施。

2005 年版规范将张力放线滑轮由不宜超过 16 个增加到 20 个，根据 20 多年来张力放线施工经验，平原和山区张力放线时有很大区别。影响导线磨损的原因主要是大档距，大压档，而滑轮数的增减影响并不明显，可根据线路的地形情况将滑轮个数适当放宽。

（5）张力放线通过重要跨越地段时，宜适当缩短张力放线段长度，主要跨越物包括铁路、高速公路、江河、大跨越及 110kV 以上电力线，适当缩短放线区段长度有利于放线质量及确保安全快速完成跨越架设。

（6）张力放线时，直线接续管通过滑车应防止接续管弯曲超过规定，达不到要求时应加装保护套。

（7）牵放导线时，通信联系必须畅通，重要的交叉跨越、转角塔的塔位应设专人监护。

（8）每相导线放完，应在牵张机前将导线临时锚固，为了防止导线因风振而引起疲劳断股，锚线的水平张力不应超过导线保证计算拉断力的16％，锚固时同相子线间的张力应稍有差异，使子导线在空间位置上下错开与地面净空距离不应小于5m。

2. 张力放线的施工准备

（1）施工设计及施工计算项目内容。

1）施工设计的内容，包括施工区段和牵张场的选择与布置；放线滑车和其他各种滑车（压线滑车、接地滑车、转向滑车和拖地滑车等）的设置；跨越放线的施工方案设计；架空线接续方法的确定与设计；导引绳、牵引绳、避雷线和导线的布置与展放设计，制定张力放线施工指导书等。

2）施工计算项目，包括布线计算；张力机出口水平张力计算；牵引机牵引力的水平分力计算；牵引机牵引力过载定值的计算与确定；导引绳、牵引绳的安全系数的验算；牵引过程中导线上扬的验算；大转角放线滑车偏斜的验算及措施等。

（2）放线区段和牵引场的选择与布置。

1）放线区段长度主要依据放线质量要求确定，其理想长度为15个放线滑车（包括通过导线的转向滑车在内）的线路长度，当该场位置较多时应进行优选。

一般情况下牵引场应顺线路布置，当受到地形限制时，牵引场可通过转向滑轮进行转向布置。张力场不宜转向布置，特殊情况下须转向布置时，转向滑车的位置及角度应满足张力架线的要求。330～500kV输电线路路径多走山区，部分放线区段按常规选择牵引场比较困难，只有通过转向布场来满足牵张场张力放线的特殊施工要求。一般情况下只考虑牵引场转向布场，只有特殊情况下才考虑张力场转向布场。但应计算确定滑车位置、角度及数量必须满足张力架线的要求。

2）牵张场的选择，应能使牵张机直接运达或道路桥涵稍加修整加固后即可到达；场地地形面积应满足设备、导线布置及施工操作要求；相邻直线塔允许作过轮临锚。作过轮临锚的条件是锚线角不大于设计规定值，锚线及接续导线作业应无特殊困难。

3）牵引场的占地面积，一般约为35m×25m，张力场的占地面积一般为55m×25m。

（3）导引绳、牵引绳和避雷线的展放。

1）导引绳的展放。导引绳一般以800～1000m分段，两端作成插接式绳扣，平地及丘陵地带按1.1～1.2倍区段长度，山区按1.2～1.3倍区段长度布线，应用抗弯联结器相连,可用人工展放或氢气球浮升、直升机、船舶等方法展放。导引绳应是无扭矩钢丝绳,并应具有足够强度其安全系数不得小于 3。导引绳与牵引绳的联结应使用旋转联结器。

2) 牵引绳的展放,牵引绳的安全系数不得小于 3,牵引绳之间的连接使用能通过牵引机卷扬滚筒的抗弯联结器。以导引绳牵引展放牵引绳。

3) 避雷线的展放。以铝包钢线、钢芯铝绞线、钢铝混绞线作避雷线,应使用张力放线方法展放。其操作方法、现场布置和施工设计等均与导线张力放线基本相同。钢绞线作为避雷线时,可不使用张力放线方法。同塔架设的避雷线宜前于导线张力放线的一个施工区段放紧线。特殊情况可例外,但应对杆塔进行必要的验算。

(4) 张力展放导线的施工工艺要求。

张力展放导线是一项组织性和技术性很强的施工工作,施工中应按照 SD JJS 2—1987《超高压架空输电线路张力架线施工工艺导则》执行,其施工工艺要点如下:

1) 张力放线的现场指挥位置设在张力机场。全现场应按现场指挥的统一指令作业,现场指挥应根据各岗位的情况汇总并判断后发出作业指令。

2) 导线在张力机上盘绕时,盘绕方向应与导线外层线股捻向方向相同。国产钢芯铝绞线为右捻盘绕时应为左进右出。导线尾线在线轴上的盘绕圈数,导引绳及牵引绳尾绳在钢绳盘上的盘绕圈数均不能少于 6 圈,尾端应与线盘、绳盘固定。

3) 牵引绳牵放导线,开始牵引时应慢速牵引,仔细检查本施工区段沿线有无异常情况,调整放线张力,使牵引板呈水平状态。待牵引绳及导线全部架空并基本稳定后,方可逐步加快牵引速度,正常牵放速度一般控制在 60~120m/min。

4) 牵引时应先开张力机,待张力机刹车打开后,再开牵引机,停止时应先停牵引机,后停张力机,并应始终保持尾绳(尾线)有足够的尾部张力。

5) 在有上扬的塔号安装压线滑车,当上扬作用消失后,应及时拆除压线滑车。

6) 对角度较大的转角塔的放线滑车,除应采取预倾斜措施外,还应注意牵引走板通过时,牵引速度控制在 15m/min 之内,并应视情况调整子导线张力以使牵引走板顺利通过。

7.4.2 张力放线施工质量要点

1. 施工监督要点

（1）各岗位人员，特别是牵张机手应通过技术培训，掌握施工作业知识和要求，能正确使用机具和设备保养。

（2）监督检查张力放线中各种防磨措施是否有效到位。

（3）临锚导线处容易发生导线磨损，应特别注意检查。

（4）为提高放线质量，牵引过程中在牵引场处、各放线滑车处、所有跨越处、居民区及人行道处和其他特别需要监护的地方等应设专人监护。

（5）迅速可靠的通信联络是张力放线正常作业的基本保证。因此，应配备可靠的通信工具，明确统一的通信语言和传递、接受、执行信息的程序合理。通信缺岗时不能进行牵放作业。

2. 施工质量保证监督检查

（1）放线滑车及其他各种滑车的布置是否满足张力放线要求。

（2）越线放线施工措施是否符合施工设计要求。

（3）场地布置及机械锚固情况是否正确，锚固是否可靠。

（4）受力系统连接是否正确可靠。

（5）牵引绳是否处在滑车的正确位置上。

（6）机械应先无载起动，空载运转正常。

（7）岗位人员应全部到位，通信联络是否畅通。

（8）避雷线是否已经提前架好。

3. 张力放线导线损伤处理

导线损伤的检查方法及计算，与一般放线中有关检查方法及计算相同。张力放线、紧线及附件安装时，应防止导线磨损，在容易产生磨损处应采取有效的防止措施，导线磨损的处理应符合下列规定：

（1）外层导线线股有轻微擦伤，其擦伤深度不超过单股直径的1/4，且截面积损伤不超过导电部分截面积的2%时可不修补，用不粗于0号细砂纸磨光表面棱刺。

（2）当导线损伤已超过轻微损伤，但在同一处损伤的强度损失尚不超过总拉断的8.5%，且损伤截面积不超过导电部分截面积的12.5%时为中度损伤。中度损伤应采用补修管进行修补，补修时应符合"将损伤处的线股先恢复原绞制状态、线股处理平整、补修管中心应位于损伤最严重处，需补修的范围应位于管内各

20mm；补修管可采用钳压、液压或爆压，其操作必须符合有压接的要求"的规定。

（3）有下列情况之一时定为严重损伤：

1）强度损失超过保证计算拉断力的8.5％。

2）截面积损伤超过导电部分截面积的12.5％。

3）损伤的范围超过一个补修管允许补修的范围。

4）钢芯有断股。

5）金钩破股已使钢芯或内层线股形成无法修复的永久变形。

达到严重损伤时，应将损伤部分全部锯掉，用接续管将导线重新连接。

7.5 连 接

架空线的连接（包括直线连接、耐张连接、引流连接和导线因损伤需要压接修补等）是架空送电线路施工中一项重要隐蔽工程项目，操作人员必须认真负责，严格按照工艺规程规定操作，并应有监理人员、质检人员到现场进行监督检查。

架空线的连接，根据作业方式的不同分为钳压、液压和爆压连接等。

7.5.1 直线接续管连接方式

1. 集中连接方式

一般多用于张力放线施工，是在张力机前的地面上进行集中压接持续作业在接续后继续展放导线时，压接管将通过放线滑车，所以直线压接管压接后应按规定加装特制的保护钢甲。

2. 分散连接方式

（1）空中连接。是指在已经升空的架空线上进行直线接续管压接作业，该作业又有档端和档内之分。档端接续压接作业，是将压接动力部分可放在铁塔横担上，压接钳置于悬挂在架空线的操作平台内作业；档内接续作业，是将压接动力部分放在空中作业平台或置于地面通过管路控制，操作人在架空线上平台内的压接钳进行压接作业。

（2）地面连接。是指在地面进行导线或地线的接续作业。

7.5.2 钳压连接

适用于中、小截面铝绞线和钢芯绞线的直线接续。

1. 钳压管的型号及尺寸

适用于钳压连接的钳压管形状如图 7-4 所示，其相关数据见表 7-6。

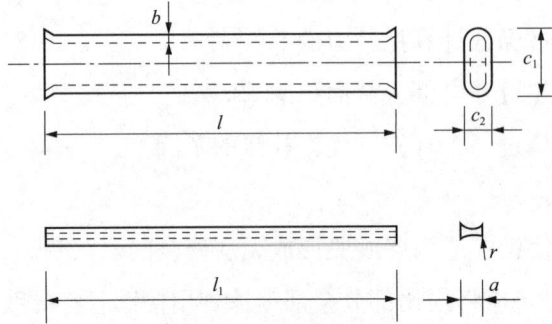

图 7-4　钳压接续管

表 7-6　钳压接续管型号及数据表

型号	适用导线型号	主要尺寸（mm）							压后外径 D	钳压模数	握着力不小于（kN）	质量（kg）
		a	b	c_1	c_2	r	l	l_1				
JT-16L	LJ-16		1.7	12.0	6.0		110		10.5	6	2.70	0.02
JT-25L	LJ-25		1.7	14.4	7.2		120		12.5	6	4.12	0.03
JT-35L	LJ-35		1.7	17.0	8.5		140		14.0	6	5.49	0.04
JT-50L	LJ-50		1.7	20.0	10.0		190		16.5	8	7.45	0.05
JT-70L	LJ-70		1.7	23.7	11.7		210		19.5	8	10.40	0.07
JT-95L	LJ-95		1.7	26.8	13.4		280		23.0	10	13.73	0.10
JT-120L	LJ-120		2.0	30.0	15.0		300		26.0	10	18.34	0.15
JT-150L	LJ-150		2.0	34.0	17.0		320		30.0	10	21.97	0.16
JT-185L	LJ-185		2.0	38.0	19.0		340		33.5	10	26.97	0.20
JT-10/2	LGJ-10/2	4.0	1.7	11.0	5.0		170	180	11.0	10	3.92	0.05
JT-16/3	LGJ-16/3	5.0	1.7	14.0	6.0		210	220	12.5	12	5.88	0.07
JT-25/4	LGJ-25/4	6.5	1.7	16.6	7.8		270	280	14.5	14	8.83	0.08
JT-35/6	LGJ-35/6	8.0	2.1	18.6	8.8	12.0	340	350	17.5	14	11.77	0.17
JT-50/8	LGJ-50/8	9.5	2.3	22.0	10.5	13.0	420	430	20.5	16	15.69	0.23
JT-70/10	LGJ-70/10	11.5	2.6	26.0	12.5	14.0	500	510	25.0	16	21.97	0.34
JT-95/15	LGJ-95/15	14.0	2.6	31.0	15.0	15.0	690	700	29.0	20	32.95	0.52
JT-95/20	LGJ-95/20	14.0	2.6	31.5	15.2	15.0	690	700	29.0	20	35.30	0.55
JT-120/7	LGJ-120/7	15.0	3.1	33.0	16.0	15.0	910	920	30.5	20	25.50	0.60
JT-120/20	LGJ-120/20	15.5	3.0	35.0	17.0	15.0	910	920	33.0	24	39.03	0.91
JT-150/08	LGJ-150/08	16.0	3.1	36.0	17.5	17.5	940	950	33.0	24	31.19	1.05
JT-150/20	LGJ-150/20	17.0	3.1	37.0	18.0	17.5	940	950	33.6	24	44.33	1.10
JT-150/25	LGJ-150/25	17.5	3.1	39.0	19.0	17.5	940	950	36.0	24	51.39	1.15

型号	适用导线型号	主要尺寸（mm）							压后外径D	钳压模数	握着力不小于（kN）	质量（kg）
		a	b	c_1	c_2	r	l	l_1				
JT-185/10	LGJ-185/10	18.0	3.4	40.0	19.5	18.0	1040	1060	36.5	24	38.74	1.40
JT-185/25	LGJ-185/25	19.5	3.4	43.0	21.0	18.0	1040	1060	39.0	26	56.39	1.42
JT-185/30	LGJ-185/30	19.5	3.4	43.0	21.0	18.0	1040	1060	39.0	26	61.10	1.50
JT-210/10	LGJ-210/10	20.0	3.6	43.0	21.0	19.5	1070	1090	39.0	26	42.86	1.52
JT-210/25	LGJ-210/25	20.0	3.6	44.0	21.5	19.5	1070	1090	40.0	26	62.76	1.58
JT-210/35	LGJ-210/35	20.5	3.6	45.0	22.0	19.5	1070	1090	41.0	26	70.61	1.62
JT-240/30	LGJ-240/30	22.0	3.9	48.0	23.5	20.0	540	550	43.0	14	71.78	1.00
JT-240/40	LGJ-240/40	22.0	3.9	48.0	23.5	20.5	540	550	43.0	14	79.24	1.00

2. 钳压的准备工作

（1）对钳压管的规格应进行检查，并做好清洗与衬垫的调直工作。如果钳压管上无压模印记时，应根据规定模数及间距划印，使用的钳压模应与导线型号相符。

（2）钳压机应完好无损，并应空载试压验证其灵活性。钳压机应放置在平整的地方，调整止动螺丝。使两钢模圆槽的长径比钳压管压后标准直径小 0.5～1.0mm。

（3）切割导线时，两线头应分别用 20 号镀锌铁线绑扎，端头应齐整。

（4）导线的钳压部分，钳压管的内壁和外壁及衬垫均用汽油清洗干净。导线的洗擦长度为钳接长度的 1.5 倍。汽油清洗后，应在导线钳压部分的表面涂上一层导电脂，并用钢丝刷在其表面轻轻擦刷，随后连带导电脂一并压接。

（5）清洗后的导线头，从钳压管两端相对插入。线端露出管外为 15～20mm。线头用♯20 铁线扎紧，对于钢芯铝绞线管内两导线间必须加铝衬垫，衬垫的两端外露长度应相等。两线头插入钳压管的方向必须正确，即线头对应管口第一个压模印记在同一侧。

3. 钳压操作

将穿线后的钳压管置于钢模之间，端平两侧导线，即可按压模印记压接。当上、下两钢模合拢后应停 20～30s 后，才能松去压力，转入下一模施压。钳压管压模要交错按规定顺序施压。

（1）铝绞线的压模，应从一端开始，依次向另一端上、下交错进行压接，如铝绞线钳压顺序图 7-5 所示。

图 7-5　铝绞线钳压顺序

（2）钢芯铝绞线的压模，应从钳压管中间向两端进行压接，压完一端再压另一端，钢芯铝绞线钳压顺序如图 7-6（a）所示。

（3）钳压 LGJ-240 型钢芯铝绞线时，用两只钳压管首尾串联，两钳压管之间的距离不应少于 15mm。每只钳接管的压接顺序由管内端向外端交错进行如图 7-6（b）所示。

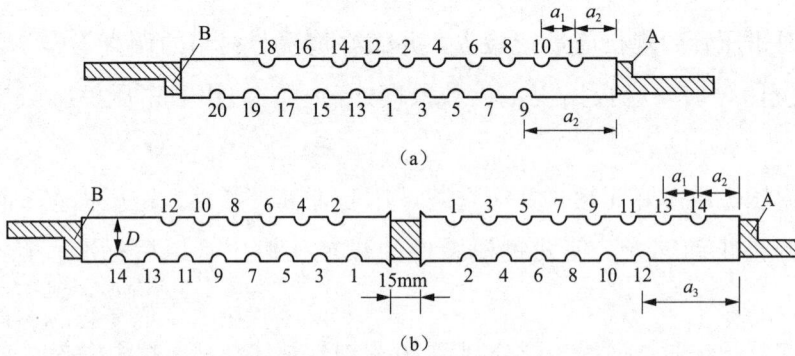

（a）

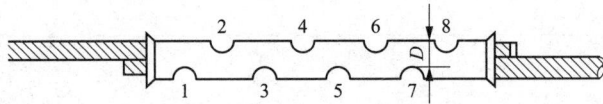

（b）

图 7-6　钢芯铝绞线钳压顺序

（a）LGJ-95/20 型钢芯铝绞线；（b）LGJ-240/40 型钢芯铝绞线

A—绑线；B—垫片；1、2、3……表示操作顺序

在压接过程中，应随时检查钳压模数及其间距，不能多压或少压，每侧最后两模（指钢芯铝绞线）或最后一模（指铝绞线）必须位于导线切断的一侧。非切断端的最后一模，压后标称外径应略大于标准值，但不宜超过正误差。

钳压管的压模数及压后的标准外径 D 应符合表 7-7 规定。

表 7-7　　　　　　　　　　钢芯铝绞线钳压压口数及压后尺寸

管型号	适用导线		压模数	压后尺寸 D （mm）	钳压部位尺寸（mm）		
	型号	外径（mm）			a_1	a_2	a_3
JT-95/15	LGJ-95/15	13.61	20	29.0	54	61.5	142.5
JT-95/20	LGJ-95/20	13.87	20	29.0	54	61.5	142.5
JT-120/20	LGJ-120/20	15.07	24	33.0	62	67.5	160.5

管型号	适用导线		压模数	压后尺寸 D（mm）	钳压部位尺寸（mm）		
	型号	外径（mm）			a_1	a_2	a_3
JT-150/20	LGJ-150/20	16.67	24	33.6	64	70.0	166.0
JT-150/25	LGJ-150/25	17.10	24	36.0	64	70.0	166.0
JT-185/25	LGJ-185/25	18.90	26	39.0	66	74.5	173.5
JT-185/30	LGJ-185/30	18.88	26	39.0	66	74.5	173.5
JT-240/30	LGJ-240/30	21.60	14×2	43.0	62	68.5	161.5
JT-240/40	LGJ-185/40	21.66	14×2	43.0	62	68.5	161.5

注 D值允许偏差为铝绞线钳压管±1.0mm。
钢芯铝绞线钳压管±0.5mm。
压接后钳压管的弯曲度不得大于2%，如超过允许用木槌敲打校直。

7.5.3 爆压连接

架空线路的爆压连接，由于能源及药包型式不同分为外爆压接和内爆压接两种。原电力部电力建设局于1980年7月编制了爆压规程并开始试行至1990年颁布能源部标准SDJ 276—1990《架空电力线路外爆压接施工工艺规程》（现已废止），SDJ 277—1990《架空电力线路内爆压接施工工艺规程》，同年6月30日还颁发了《架空电力线爆炸压接管理制度》。

虽然2005年版规范仍保留爆炸压接条款，但由于爆炸压接承受环境影响较大，而且还存在不可忽视的安全隐患，同时在实际操作过程中经常出现爆压管表面烧伤面积超标、管口外线材明显烧伤、断股和管体穿孔、裂缝等废品，此乃液压连接尚未完善之前的无奈之举。自液压连接正常投入之后，架空线路爆炸压接逐步减少使用，目前已基本不用。

7.5.4 液压连接

液压连接主要适用于LGJ-240型及以上的大截面导线及GJ-35型以上的地线、导地线用液压管包括耐张压接管、直线压接管、引流管及修补管等四种。

（1）液压施工的主要设备是液压机。它由超高压液压泵、液压软管和压接钳三个部分组成。

1）超高压液压泵站型号及技术参数见表7-8。

2）导地线压钳（含钳压和液压）的型号及技术参数见表7-9。

3）各种导地线（含拉线）的压接管应配置的压模尺寸见表7-10。液压机应配备适用于不同导线、地线使用的液压钢模。钢模材料应为合金工具钢。其布氏硬度不小于压接管布氏硬度的1.9倍，淬火后的表面硬度HRC不低于55。

表 7-8 超高压液压泵的型号及技术参数

型号	技术参数				生产厂
	配置动力	功率（kW）	输出额定压力（MPa）	质量（kg）	
CGB-D	电动机	1.5	80	85	常熟电力机具厂
CGB-J	汽油机（F165）	2.94	80	85	
CGB-Ja	汽油机（浦意斯）	4.0	80	80	
CGB-Jc	汽油机（雅马哈）	2.94	80	80	
CGB-Jc	柴油机（170）	2.94	80	95	
WDYB	电动机	单相 0.5 三相 0.68	80	23	
WJYB	汽油机	2.94	80	45	
SYB-63	手动		63	6	扬州工三电力机具公司
DB-63	电动机	1.5	63	65	
JB-63	汽油机	4.1	63	60	

注 常熟电力机具厂产品均已获国家专利。

表 7-9 导地线液压钳型号及技术参数

名称	型号	技术参数					制造厂
		最大出力（kN）	工作压力（MPa）	活塞行程（mm）	适用导地线	质量（kg）	
导地线液压钳	YQ-250	250	80	35	≤LGJ-240（钳压）	5	常熟电力机具厂
	YQ-300（卧式）	300	80	35	≤LGJ-240（钳压）	14	
	YQ-500	500	80	30	直径 φ14～φ50（液压）	18	
	YQ-1000	1000	80	35	直径 φ14～φ58（液压）	35	
	YQ-1250	1250	80	25	直径 φ14～φ60（液压）	40	
	YQ-2000	2000	80	25	直径 φ14～φ80（液压）	80	
	YQ-2500	2500	80	48	直径 φ14～φ90（液压）	120	
导地线分体式液压钳	YQ（F）-150T×14	150	63	19	LGJ-35～240	2.7	扬州工三电力机具公司
	YQ（F）-240T×15	250	63	22	LGJ-35～240	6.0	
	YQ（F）-400T×18	400	63	26	坑压 L-185～500	10.0	
	YQ（F）-70G×18	600	63	18	GJ-16～70 LGJ-300～400	17.0	
	YQ（F）-100G×24	1000	63	20	GJ-16～100 LGJ-300～500	30.0	
	YQ（F）-150G×40	2000	63	25	GJ-35～150 LGJ-300～800	60.0	

表 7-10 压 模 尺 寸

管径（mm）	压模类型	对边距 A（mm）	压模宽度（mm）	管径（mm）	压模类型	对边距 A（mm）	压模宽度（mm）
18	YQ650 配套钢压模	15.43＋±0.05	23	22	YQ2000 配套钢压模	18.85＋±0.1	58
22		18.85＋±0.05	18	26		22.28＋±0.1	50
26		22.28＋±0.05	16	28		24.00＋±0.1	46
18	YQ1250 配套钢压模	15.43＋±0.05	45	30		25.70＋±0.1	43
22		18.85＋±0.05	36	32		27.42＋±0.1	40
26		22.28＋±0.05	30	34		29.14＋±0.1	40
28		24.00＋±0.05	28	36		30.86＋±0.1	36
30		25.70＋±0.05	26	38		32.57＋±0.1	34
32		27.42＋±0.05					

4）使用液压钳应注意的事项。

a. 液压泵与压接钳应配套使用，使用前应认真阅读产品说明书。

b. 应根据导地线的管径选择压接钳及相应的钢压模、钢压模应与压接钳相配套。

c. 使用液压设备之前，应检查其完好程度，以保证正常工作。油压表必须定期校核，做到准确可靠。

d. 压接钳应放置在坚硬、平整的地面上进行操作。

（2）液压施工工艺流程如图 7-7 所示。

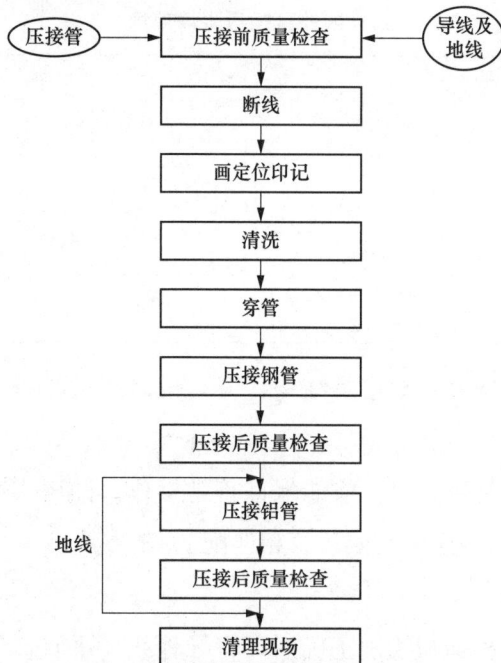

图 7-7 液压施工工艺流程示意

143

（3）液压施工前的检查如下：

1）液压前，必须对各种液压管进行外观检查，不得有弯曲、裂痕、锈蚀等缺陷。

2）应对液压管的内、外径及长度进行测量并做好记录。其测量方法为使用精度为 0.02mm 游标卡尺在管外径上均匀选上三点检测，每点互成 90°测量两个数据，以三个检测点共 6 个数据的平均值作为压接管压前的外径；内径由管两端检测，每端互成 90°测两个数据，以两端共 4 个数据的平均值作为压接管压前的内径；其长度可用钢尺测量，尺寸公差应符合国家标准要求。压管中心应与整管中心线相重合，明显偏斜的不得使用。对于导（地）线耐张管，外径检测两个断面点、内径只检测管口一端的断面点，同样应求得平均数进行判断。

导地线液压管的内、外径允许偏差见表 7-11 和表 7-12。

表 7-11　　　　　　　　　　钢管内外直径极限偏差值　　　　　　　　（mm）

外　径		内　径	
基本尺寸	极限偏差	基本尺寸	极限偏差
≤14	±0.2		
>14～22	+0.3 −0.2	≤9	±0.15
22～34	+0.4 −0.2	>9～16	±0.2

表 7-12　　　　　　　　　　铝管内外直径极限偏差值　　　　　　　　（mm）

外　径		内　径	
基本尺寸	极限偏差	基本尺寸	极限偏差
≤32	+0.4 −0.2	≤22	−0.3
>32～50	+0.6 −0.2	>22～36	−0.4
≥50～78	+1.0 −0.2	≥36～55	−0.5

3）检查导地线的型号、规格及结构，应与设计图纸相符，且应符合国家标准要求。

4）检查液压设备是否完好，应能保证正常操作。油压表必须定期校核，做到准确可靠。检查压接的钢模应与液压管相匹配。

（4）导地线的断线。

1）辨认导地线的相别和线别正确后，将导地线掰平直，使其平整完好，同时与管口相距的 15m 内不存在必须处理的缺陷。导地线的端部在割线前应加防止线端松散的绑线；切割时，导（地）线断口面应与其轴线垂直。

2）切割铝股或钢芯必须使用断线钳或钢锯，不得用大剪刀或电工钳剪断铝股或钢芯。在切割钢芯铝绞线的内层铝股时，严禁伤及钢芯，其方法是先割到铝股直径的 3/4 处，然后将铝股逐根掰断。

（5）画定位印记。

1）断线或穿管前都应画定位印记。定位印记是指用红圆珠笔或画印笔在导地线表面画上的表示断线位置或穿管位置的记号。表示穿管位置的定位印记的尺寸视液压管长度而定。例如钢绞线直线管的长度为 290mm。那么线上印记的位置（即线端头至印记的距离）应为 1/2 管长，即 145mm。

2）由钢铝管组成的钢芯铝绞线液压管一般是先压钢管后压铝管，钢管压前应在钢绞线上画第一次定位印记，当钢管压接完成后，必须第二次在铝股表面上画铝管管口的定位印记。

3）量尺画印的定位印记，画好后应立即复查尺寸，确保正确无误。

（6）导、地线及液压管的清洗。

1）各种液压管应用汽油清洗管内壁的油垢，且应清洗影响穿管的锌疤与焊渣。清洗后的液压管短期内不使用时，应将管口临时封堵，并用塑料带封装。

2）钢绞线的液压部分在穿管前应以棉纱擦去泥土，以汽油清洗油垢。清洗长度不短于穿管长度的 1.5 倍。

3）钢芯铝绞线的液压部分在穿管前应以汽油清洗其表面油垢，清洗长度为对先套入铝管的一端应不短于铝管套入部位；对另一端应不短于半管长度的 1.5 倍。

4）对防腐钢芯铝绞线，其外层铝股和割断铝股后的裸露的钢芯应用棉纱蘸汽油（以用手攥不出油滴为适度），擦净其表面油垢和防腐剂。

5）钢芯铝绞线的铝股应清除其表面的氧化膜并涂以 801 电力脂，其操作程序是外层铝股用汽油清洗并干燥后，将 801 电力脂轻轻地均匀涂上一层，将外层铝绞覆盖住；用钢丝刷沿钢芯铝绞线方向对已涂 801 电力脂部分进行擦刷，将液压后能与铝管接触的铝股表面全部刷到，涂 801 电力脂及清除铝股氧化膜的范围为铝股进入铝管部分。

6）用补修管修补导线前，其覆盖部分的导线应用干净棉纱将泥土等脏物擦干净；如导线有断股的应在断股两侧涂刷少量 801 电力脂，然后套上补修管进行液压。

（7）导（地）线的穿管。

1）钢绞线直线管。将钢绞线两端分别由管口穿入，穿时顺绞线绞制方向旋转推入，直到两端头在直线管内中点相抵，如图7-8所示。

图7-8 钢绞线接续管的穿管

1—镀锌钢绞线；2—对接钢接续管；l_1—接续管长度

2）钢绞线耐张管。将钢绞线端头向管口穿入，穿时顺绞线绞制方向旋转推入，直到线端头露出管底5mm为止。如图7-9所示。

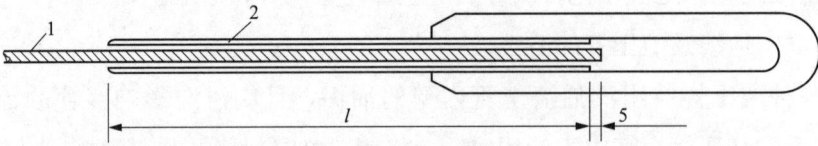

图7-9 钢绞线耐张管的穿管

1—镀锌钢绞线；2—耐张线夹；l—钢管长度

此时，线上印记与管口重合。

3）钢芯对接式的钢芯铝绞线直线管的穿管如图7-10所示。其操作程序如下：

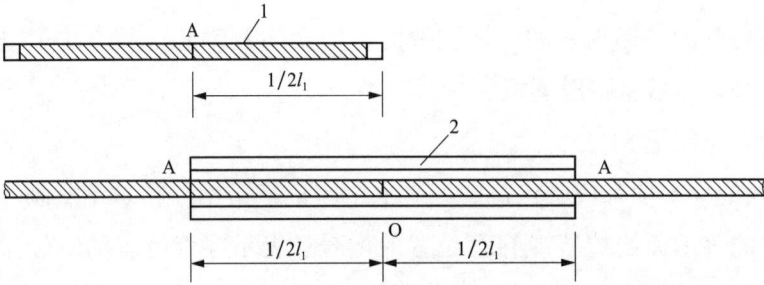

（a）

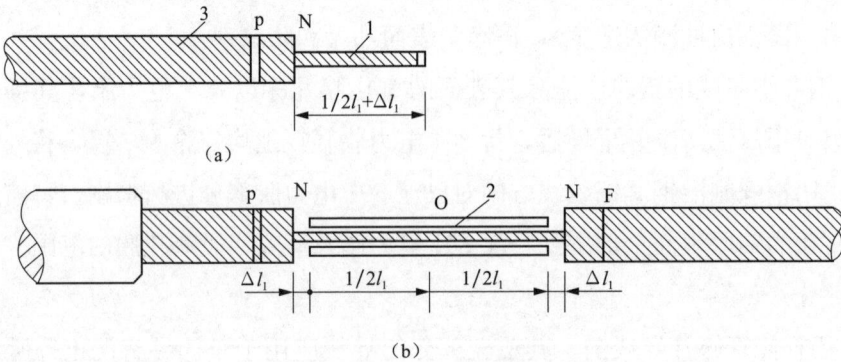

（b）

图7-10 钢芯对接式直线管的穿管（一）

（a）剥去铝股；（b）套铝管及穿钢管；

1—钢芯；2—钢管；3—铝线

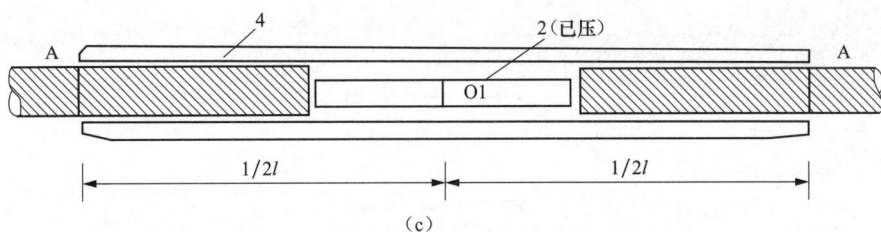

图 7-10　钢芯对接式直线管的穿管（二）

(c) 穿铝管

4—铝管

a. 剥铝股。在图 7-10 所示中 N 处切断铝层绞线，将露出的钢芯端头用绑线扎牢；（距 N 约 20mm），如剥露的钢芯已变形，应恢复其原绞制状态。

b. 套铝管。将铝管自钢芯铝绞线的一端先套入。

c. 穿钢管。将已剥露的钢芯由钢管两端穿入，穿时应顺绞线绞制方向旋转进入，直至钢芯两端头在钢管内中点相抵，两边预留长度相等即可，如图 7-10（b）所示。ΔL_1 为钢管液压时预留伸长值，它与钢管直径、壁厚、钢模对边距尺寸及压模数都有关，其值应通过试压而取得。在确定该值时，比实际值可稍大 3~5mm。

d. 穿铝管。钢管压好后，找出钢管压后的中点，自中点向两端铝线上各量铝管全长之半。在该处画印记。清洗后涂 801 电力脂，清除氧化膜后将铝管顺铝股绞制方向，由另一端旋转推入，直至铝管口与铝线上定位印记重合为止，如图 7-10（c）所示。

4）钢芯搭接式的钢芯铝绞线直线管的穿管如图 7-11 所示。

a. 剥铝股，如图 7-11（a）所示。

b. 套铝管，如图 7-11（b）所示。

c. 穿钢管。使钢芯呈散股扁圆形，一端先穿入钢管，置于钢管内的一侧；另一端也呈散股扁圆形状，自钢管另一端与已穿入的钢芯相对搭接穿入（不是插接）直至两端钢芯在钢管对面各露出 3~5mm 为止。

d. 穿铝管，如图 7-11（c）所示，其操作方法同钢芯对接式的直线管。

5）钢芯铝绞线耐张管，其操作程序如图 7-12 所示。

a. 剥铝股穿铝管，如图 7-12（a）所示。

b. 穿钢锚，如图 7-12（b）所示。将已剥露的钢芯由钢锚口穿入，穿时顺钢芯绞制方向旋转推入，直至钢芯端头触到钢锚底部，管口与铝股预留长度相等为止。

c. 穿铝管，如图 7-12（c）所示。当钢锚压好后，自钢锚最后凹槽边向钢锚 U

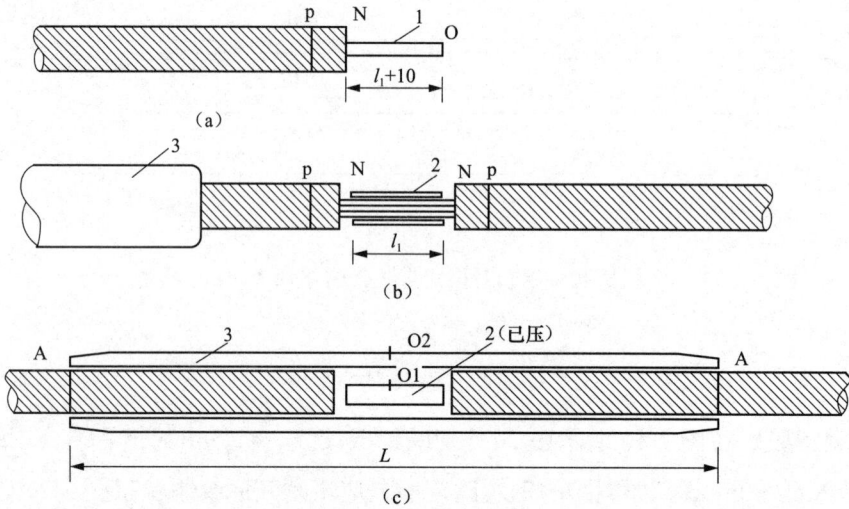

图 7-11　钢芯搭接式的钢芯铝绞线直线管的穿管

（a）剥去铝股；（b）套铝管及穿钢管；（c）穿铝管

1—钢芯；2—钢管；3—铝管

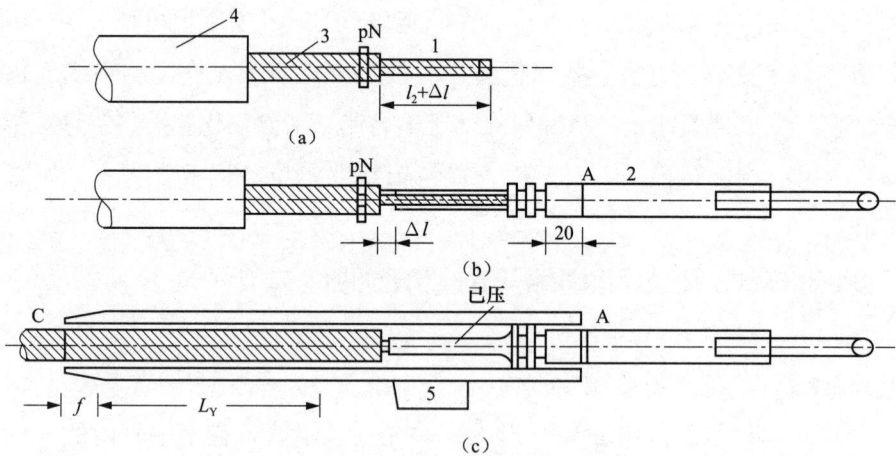

图 7-12　钢芯铝绞线耐张管的穿管

（a）剥去铝股；（b）穿钢管；（c）穿铝管

1—钢芯；2—钢锚；3—铝线；4—铝管；5—引流板

型环端量 20mm 画定位印记；自该点向铝线测量铝管金具画另一定位印记；然后清洗表面，涂 801 电力脂，清除氧化膜后，将铝管顺铝股绞制方向旋转推向钢锚侧，直到铝管底与钢锚上印记重合为止。

6）钢芯铝绞线的引流线穿管时两端穿管后应保证引流板与耐张管的钢锚 U 型

环的相对角度符合该工程的设计规定，引流端部应清洗涂 801 电力脂后将铝管套入直到线端抵住为止。

（8）各种液压管的液压操作程序。

1）钢绞线直线管的液压部位及操作顺序如图 7-13 所示。第一模中心应与钢管中心相重合，然后依次分别向管口端施压。

2）钢绞线耐张管的液压部位及操作顺序如图 7-14 所示。第一模自 U 型环侧开始，依次向管口端施压。

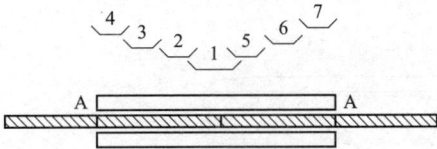

图 7-13　钢绞线直线管的施压顺序　　　　图 7-14　钢绞线耐张管的施压顺序

3）钢芯铝绞线对接式钢管的液压部位及操作顺序如图 7-15 所示。其顺序与钢绞线直线管相同。

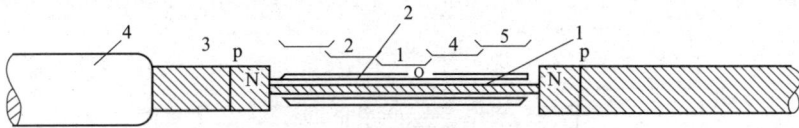

图 7-15　钢芯铝绞线对接式钢管的施压顺序

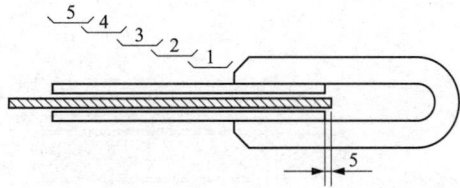

1—钢芯；2—钢管；3—铝线；4—铝管

钢芯铝绞线对接式铝管的液压部位及操作顺序如图 7-16 所示。自铝管的铝股端印记处开始施压，然后分别依次向管口端施压。

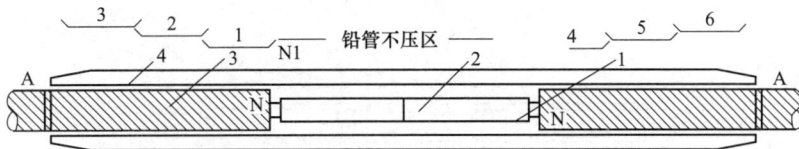

图 7-16　钢芯铝绞线对接式铝管的施压顺序

1—钢芯；2—已压钢管；3—铝线；4—铝管

4）钢芯铝绞线钢芯搭接式钢管的液压部位及操作顺序如图 7-17 所示。第一模压模中心与钢管中心重合，然后依次分别向钢管口端施压。（根据操作需要，允许第一模稍偏离钢管中心）。

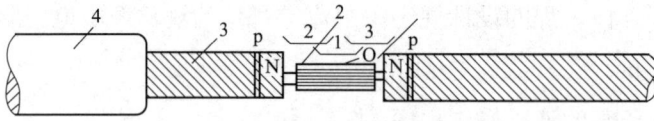

图 7-17　钢芯铝绞线搭接式钢管的施压顺序

1—钢芯；2—钢管；3—铝线；4—铝管

钢芯铝绞线钢芯搭接式铝管的液压部位及操作顺序如图 7-18 所示。第一模压模中心压在铝管中心，然后分别向管口端施压，但也允许对有钢管部分的铝管不压的方式。

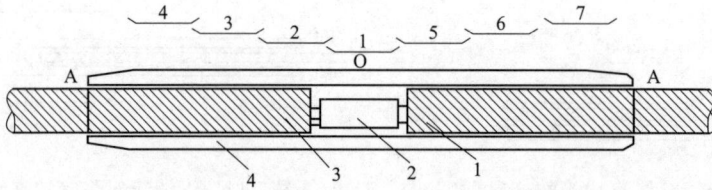

图 7-18　搭接式钢芯的铝管的施压顺序

1—钢芯；2—已压钢管；3—铝线；4—铝管

5）钢芯铝绞线耐张管的钢锚的液压部位及操作顺序如图 7-19（a）所示。第一

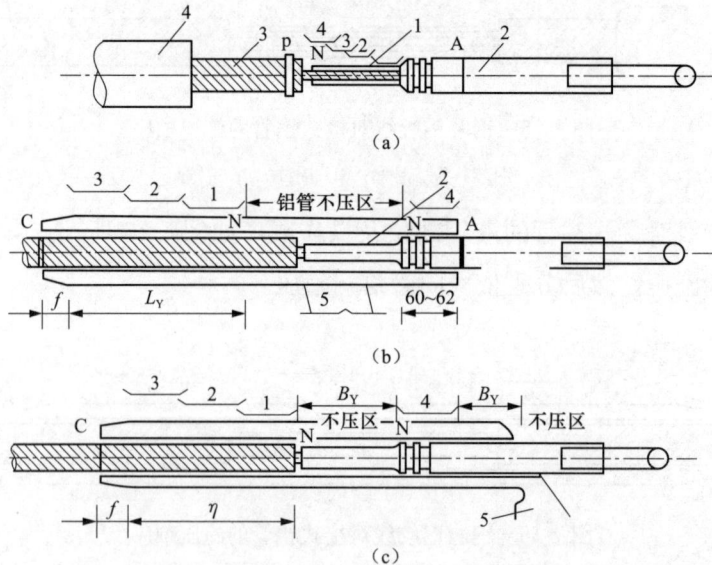

（a）

（b）

（c）

图 7-19　钢芯铝绞线耐张管的施压顺序

（a）钢锚施工顺序；（b）、（c）铝管施工顺序

1—钢芯；2—钢锚；3—铝线；4—铝管；5—引流板

注：如果铝管上未画有起压印记 N 时，可自管口向底端量 L_Y+f 处画印记，L_Y 值见表 7-13。

模自钢锚凹槽前侧开始，然后向管口端连续施压。

钢芯铝绞线耐张管的铝管的液压部位及操作顺序如图 7-19（b）和（c）所示。

6）耐张引流管的液压部位及操作顺序如图 7-20 所示，其液压方向自管底向管口施压。

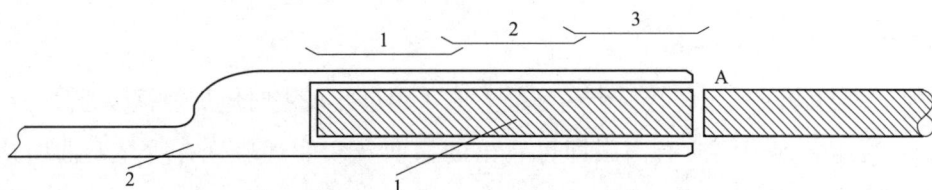

图 7-20　引流管的施压顺序

1—铝线；2—引流管

表 7-13　　　　　　　　　　　　　　　　　Ly 值

条件	K≥14.5	K=11.4～7.7	K=6.15～4.3
Ly（mm）	≥7.5d	≥7d	≥6.5d

注　K—钢芯铝绞线铝、钢截面比；d—钢芯铝绞线外径；f—管口拔梢部分长度。

（9）液压操作。

1）使用的钢模必须与被压管相匹配，钢模外形尺寸应与液压机相配套。

2）被压管放入下钢模时，位置应正确，检查印记是否处于指定位置。用双手把住管合上钢模。钢模两侧的导（地）线与被压管应保持水平状态，并与液压机轴心相一致，以减少管子压后可能产生的弯曲。

3）各种液压管在第一模压好后应检查压后对边距尺寸，符合技术规范或该工程确定的标准后再继续操作。

4）各种液压管的压接操作顺序应按规定执行。每模的施压压力不应少于70MPa，并使上下钢模合缝及压后尺寸满足 DL/T 5285—2013《输变电工程架空导线及地线液压压接工艺规程》要求，相邻两模之间至少应重叠 5mm。

5）对于导线耐张管，当向铝管口侧施压时，最后一模与管口端应保持 5mm 距离不压，自钢锚凹槽处反向施压时的压接长度（自钢锚出口端算起）应不小于60mm。

6）液压管压完后有飞边时，应用锉刀将飞边锉掉，并用砂纸将锉过处磨光。钢管压后不论是否裸露，均应涂富锌漆以防锈。

7）液压管压完后应测量外径及长度，并填写压接记录。自检合格后在管上指定位置打上操作者的钢印。

（10）液压施工质量要求。

1）各种液压管压后对边距尺寸 S 的最大允许值为

$$S = 0.866 \times 0.933 \times D + 0.2$$

式中　D——管外径，mm。

但三个对边距只允许有一个达到最大值，超过此规定时应更换钢模重压。

2）液压后管子不应有肉眼即可看出的扭曲及弯曲现象，有明显弯曲时应校直，校直后不应出现裂缝。

3）各液压管施压后，应认真填写记录。液压操作人员施工单位质检人员及项目监理人员检查合格后，在记录表上签名。

（11）液压工器具配置见表 7-14（一个施工队用）提供的参考。

表 7-14　　　　　　　　　　　液 压 工 器 具 配 置

序号	名称	规格	单位	数量	备注
1	液压机	2000kN	台	1	含液压钳及超高压油泵
2	压模		副	2	按压接管型式选择
3	液压断线钳		台	2	配断线模
4	大剪刀		把	1	
5	锉刀	齐头扁锉 350mm	把	2	
6	活动扳手	430mm	把	2	
7	八角锤	4.5kg	把	1	
8	游标卡尺	0.1mm	把	1	
9	钢卷尺	2m	把	2	
10	钢卷尺	30m	把	1	
11	钢丝钳	200mm	把	2	
12	铁线	20 号	kg		视压接管数量确定
13	汽油	70 号	kg		视压接管数量确定
14	棉纱头		kg		视压接管数量确定
15	环氧富锌漆		kg		视压接管数量确定
16	钢丝刷	细丝	把		视压接管数量确定
17	扁毛刷	宽 50mm	把		视压接管数量确定

（12）连接施工质量要点。

1）不同金属、不同规格、不同绞制方向的导线或架空地线，严禁在一个耐张段内连接（强制性条文）。

2）当导线或架空线采用液压或爆压连接时，操作人员必须经过培训及考试合格持有操作许可证，连接完成并自检合格后，应在压接管上打上操作人员的钢印。

3）导线或架空地线必须使用合格的电力金具配套接续管及耐张线夹进行连接。连接后的握着强度应在架线施工前进行试件试验。试件必须用本工程实际使用的导线、架空地线、配套的接续管、耐张线夹及相应的钢模、按工艺要求制作。每种形式的试件不得少于 3 组（允许接续管与耐张线夹合为一组试件）。其试验握着强度对液压及爆压都不得小于导线或架空地线设计使用拉断力的 95%。

对小截面导线采用螺栓式耐张线夹及钳压管连接时，其试件分别制作。螺栓式耐张线夹的握着强度不得小于导线设计使用的拉断力的 90%。钳压管直线连接的握着强度，不得小于导线设计使用拉断力的 95%。架空地线的连接强度应与导线相对应（强制性条文）。

试件的长度为直线管管口与锚具或耐张线夹端头距离，应不小于被压线材直径的 100 倍。

4）采用液压连接，工期相近的不同工程。当采用同制造厂、同批量的导线、架空地线、接续管、耐张线夹及钢模完全没有变化时，可以免做重复性试验。

5）导线切割及连接应符合下列规定：

a. 切割导线铝股时严禁伤及钢芯。

b. 切口应整齐。

c. 导线及架空地线的连接部分不得有线股绞制不良、断股、缺股等缺陷。

d. 连接后管口附件不得有明显的松股现象。

6）各种接续管、耐张管及钢锚连接前必须测量管的内、外直径及管壁厚度，其质量应符合现行国家标准 GB/T 2314—2008《电力金具通用技术条件》规定，不合格者，严禁使用。

7）采用钳压或液压连接导线时，导线连接部分外层铝股在洗擦后应薄薄地涂上一层电力复合脂并应用细钢丝刷清刷表面氧化膜，应保留电力复合脂进行连接。

电力复合脂（即 801 电力脂）必须具备下列性能：

a. 中性。

b. 流动温度不得低于 150℃有一定黏滞性。

c. 接触电阻低。

8）接续管及耐张线夹压接后应检查外观质量并应符合下列规定。

a. 用精度不低于 0.1mm 的游标卡尺测量压后尺寸，其允许偏差必须符合 DL/T

5285—2013《输变电工程架空导线及地线液压压接工艺规程》的规定。

  b. 飞边、毛刺及表面未超过允许的损伤应锉平并用♯0砂纸磨光。

  c. 爆压管爆后外观有下列情形之一者应割断重接（强制性条文）：

  • 管口外线材明显烧伤断股。

  • 管体穿孔、裂缝。

  d. 弯曲度不得大于2%，有明显弯曲时应校直。

  e. 校直后的接续管如有裂纹，应割断重接。

  f. 裸露的钢管压后应涂防锈漆。

  9）在一个档距内每根导线或架空地线上只允许有一个接续管和三个补修管，当张力放线时不应超过两个补修管，并应满足下列规定：

  a. 各类管与耐张线夹出口间的距离不应小于15m。

  b. 接续管或补修管与悬垂线夹中心的距离不应小于5m。

  c. 接续管或补修管与间隔棒中心的距离不宜小于0.5m。

  d. 宜减少因损伤而增加的接续管。

7.6 紧 线

7.6.1 施工技术要点

1. 施工技术基本规定

（1）紧线施工应在基础混凝土强度达到设计规定，全紧线段内的杆塔已经全部检查合格后方可进行。

（2）紧线施工前应根据施工荷载验算耐张、转角型杆塔强度，必要时应装设临时拉线或进行补强，采用直线杆塔紧线时，应采用设计允许的杆塔做紧线临锚杆塔。

（3）弧垂观测档的选择应符合下列规定：

1）紧线段在5档及以下时靠近中间选择一档。

2）紧线段在6～12档时靠近两端各选择一档。

3）紧线段在12档以上时靠近两端及中间可选3～4档。

4）观测档宜选档距较大和悬挂点高差较小及接近代表档距的线档。

5）弧垂观测档的数量可以根据现场条件适当增加，但不得减少。

（4）观测弧垂时，实测温度应能代表导线或架空地线的温度，温度应在实测档内实测。

（5）挂线时对于孤立档，较小耐张段及大跨越的过牵引长度应符合设计要求；设计无要求时，应符合下列规定：

1）耐张段长度大于 300m 时，过牵引不宜超过 200mm。

2）耐张段长度为 200～300m 时，过牵引长度不宜超过耐张段长度的 0.5‰。

3）耐张段长度为 200m 以内时，过牵引长度应根据导线的安全系数不小于 2 的规定进行控制，变电所进出口档除外。

4）大跨越档的过牵引值由设计验算确定。

（6）架线后应测量导线对被跨越物的净空距离，计入导线蠕变伸长换算到最大弧垂时必须符合设计规定。

（7）连续上（下）山坡时的弧垂观测，当设计有规定时按设计规定观测，其允许偏差值应符合紧线的有关规定。

2. 紧线施工操作要点

（1）紧线施工作业方法。

1）非张力放线紧线法是指 220kV 及以下线路的导线用一般非张力放线，紧线的特点是以耐张段为界，即在一端耐张杆塔上锚（挂）线，在另一端耐张杆塔上进行紧线。

2）张力放线紧线法是指在张力放线后的紧线方法。它的特点是一个放线区段或以此作为一个紧线区段，以原来的张（牵）场作业紧线操作场。这种紧线方法有两种情况：一种是以直线塔作为紧线操作塔；另一种是以耐张（转角）塔作为紧线操作塔，两种紧线操作基本相同。不同点仅在后者紧线的牵引设备要布置在被紧线段的延长线上，需打挂线反面拉线。放线区段与紧线区段的相互关系，如图 7-21 所示。

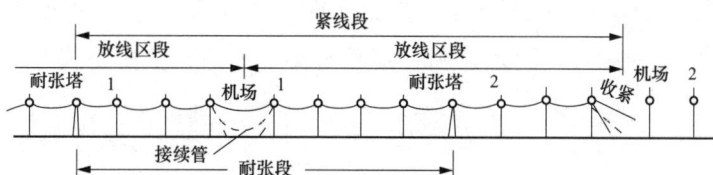

图 7-21　紧线区段示意

（2）子导线收紧次序。分裂导线紧线，尽量减少时间差，子导线收紧次序，可综合考虑如下因素确定：

1）应将子导线对称收紧，并尽可能收紧位于放线滑车最外侧的两根子导线。

2）宜先收紧张力较大弛度较小的（即位于其他子导线上的）子导线，避免在紧线过程中发生驮线现象。

3）如果在紧线前某线档已发生驮线现象，则应先收紧被驮的子导线。

（3）导线收紧工艺。

1）当架空线接近要求的弛度值时，应即减慢牵引速度，当其达到要求弛度值时，应立即发出暂停信号。但由于此时架空线还会自动调节各档张力，故应再等待一定时间，待弛度不再变动且已达到要求时，方可发出弛度已观测好的信号。

2）对于有两个以上观测档的较长紧线区段，特别是连续上（下）山的紧线区段，其收紧工艺应采取"紧——松——紧"的工艺，即先将架空线收紧、观测、调整距紧线牵引场最远的观测档的弛度，并使其最远的观测档弛度略小，再放松架空线，使其观测档弛度合格；然后收紧架空线、观测、调整距紧线牵引场次远观测档弛度，使弛度略小，再放松架空线，使其弛度合格，依次类推，直至全部观测档弛度合格。

（4）弛度观测方法与调整。

1）弛度观测方法为架空线的张力是通过架空线弛度（亦称弧垂）控制的。弧垂常指线档间架空线的最大垂度，对于一般的等高线档即档距中点的垂度。紧线时，依据设计部门提供的弧垂曲线或数据表，确定架空线的安装弧垂，观测具体方法有等长法，异长法，角度法和平视法四种。基本方法是在观测弧垂的线档两杆塔悬挂点的垂直下方一定距离绑扎水平弧垂板，从一侧弧垂板处用仪器或望远镜目测对面弧垂板，当视线切割架空线边缘时，即达到规定的弧垂。

a. 等长法为两端悬挂点与弧垂板的垂直距离均等于要求的弧垂。该法适用范围较广，当两端悬挂点地上高度大于弧垂值且视线无阻时均可使用。

b. 异长法为两端悬挂点与弧垂板的垂直距离不相等，设一端垂直距离为 a 值，根据观测要求的弧垂值 f，再确定另一端垂直距离 b 值，并按公式（7-7）计算

$$b = (2\sqrt{f} - \sqrt{a})^2 \tag{7-7}$$

当视线与导线的切点偏离档距中点不超过 1/4 档距时，可使用异长法。若切点偏离档距中点过大时用异长法观测弧垂容易引起较大的误差。

c. 角度法为以异长法的计算公式为基础，可求出视线的角度值。按此角度利用经纬仪观测弧垂。其适用范围也与异长法的相同。角度法分为档端、档内、档

外三种。档端角度法是将经纬仪设在悬挂点下方，视线仰角按公式（7-8）计算

$$\theta = \arctan\left(\frac{\pm h - 4f + 4\sqrt{af}}{l}\right) \tag{7-8}$$

式中　l——观测档的档距，m；

　　　h——观测档两悬挂点间的高差，观测站悬挂点较低时其前取"＋"，反之取"－"，m；

　　　f——观测时要求的弧垂，m；

　　　a——经纬仪仪镜与悬挂点间的距离，m。

　　d. 平视法为选择仪器地点，平视切架空线最低点的方法观测弧垂，平视法应求出观测档的大小平视弧垂，其值按式（7-9）和式（7-10）计算

$$f_1 = f\left(1 + \frac{h}{4f}\right)^2 \tag{7-9}$$

$$f_2 = f\left(1 - \frac{h}{4f}\right)^2 \tag{7-10}$$

式中　f_1——大平视弧垂，m；

　　　f_2——小平视弧垂，m。

　　根据 f_1 或 f_2 选择仪器支点。对大档距不适于使用角度且满足 $h<4f$ 时，可使用平视法观测弧垂。

　　2）弛度调整为由于在弛度观测、划印、割线压接及放线滑车的摩阻力不同等因素，可能造成弛度超过允许偏差。此时，可通过计算，在耐张段内增、减一段线长，以改变架空线的弛度。但其计算较为繁琐，一般可用粗调、细调、微调、复调的综合调整法，进行弛度调整。

　　a. 粗调是在紧线时，一般用紧线机具进行。

　　b. 细调是在挂线时，一般用手扳葫芦等工具调整挂线金具长度。

　　c. 微调是在挂线后复查弛度时，增减调整板的孔距。

　　d. 复调是在直线塔附件安装时进行，即在直线塔放线滑车处移动相邻档架空线的划印位置，调整由于放线滑车摩阻力产生的弛度偏差。

7.6.2　施工质量要点

1. 紧线施工质量要点

（1）紧线弧垂在挂线后应随即在该观测档检查，其允许偏差应符合下列规定：

1）一般情况下应符合表 7-15 的规定。

表 7-15 弧 垂 允 许 偏 差

线路电压等级	110kV	220kV 及以上
允许偏差	+5%，−2.5%	±2.5%

2）跨越通航河流的大跨越档弧垂允许偏差不应大于±1%，其正偏差不应超过 1m。

（2）导线或架空地线各相间的弧垂应力求一致，当满足上表弧垂允许偏差标准时，各相间弧垂的相对偏差最大值不应超过下列规定：

1）一般情况下应符合表 7-16 的规定。

表 7-16 相间弧垂允许偏差最大值

线路电压等级	110kV	220kV 及以上
相间弧垂允许偏差值（mm）	200	300

注　对架空地线是指两水平排列的同型线间。

2）跨越通航河流大跨越档的相间弧垂最大允许偏差为 500mm。

（3）相分裂导线同相子导线的弧垂应力求一致。在满足相间弧垂允许偏差最大值标准时，其相对偏差应符合下列规定：

1）不安装间隔棒的垂直双分裂导线，同相子导线间的弧垂允许偏差为 +100mm。

2）安装间隔棒的其他形式分裂导线，同相子导线的弧垂允许偏差应符合下列规定：

a. 220kV 为 80mm。

b. 330～500m 为 50mm。

（4）架线后应测量导线对被跨越物的净空距离，计入导线蠕变伸长换算到最大弧垂时必须符合设计规定。《福建省电力有限公司架空输电线路反事故措施》第 70 条规定，新建线路设计应按环境温度 40℃，导线温度 70℃来校核线路对地安全距离，按导线温度 80℃校核交叉跨越物安全距离。

（5）连续上（下）山坡时的弧垂观测，当设计有规定时按设计规定观测，其允许偏差值应符合有关规定。

2. 紧线施工弛度的检查

（1）对紧线弛度的检查，宜在导线、架空地线挂好线后及时检查，其优点是可利用原来看弛度的方法与设备进行检查，这样既方便，又可减少由于采取不同方法检查而带来的方法偏差。

（2）弛度的检查。

1）弛度的检查应优先采用平行四边形法（即等长法）在检查时弛度已经产生了变化，可调整一侧的弛度板，其弛度板的调整量取弛度变化 Δf 值的两倍，如平行四边形法的弛度板调整如图 7-22 所示。

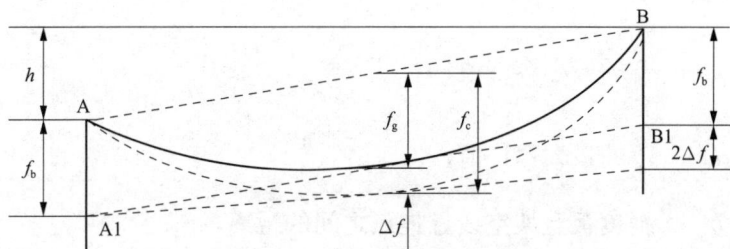

图 7-22　平行四边形法的弛度板调整

检查温度下实测弛度与该温度下的计算弛度之差，即为弛度偏差值，其弛度偏差值与计算弛度之比，则为该温度下的弛度偏差率，检查时的温度下的实测弛度及弛度偏差百分值按公式（7-11）和式（7-12）计算

$$f_c = f_g \pm \Delta f \tag{7-11}$$

$$\Delta f\% = \frac{f_c - f_b}{f_b} \times 100\% \tag{7-12}$$

式中　f_c，Δf——检查时弛度值及其偏差百分值，m；

　　　f_g——观测时弛度值，m；

　　　Δf——检查时较观测时弛度增量，弛度较原来增加取"＋"，反之取"－"，m；

　　　f_b——检查时计算弛度值（即标准值），m。

采用本法检查或调整弛度的适用条件为气温上升时 $\dfrac{\Delta f}{f_b} \leqslant 16.36\%$；气温下降时 $\dfrac{\Delta f}{f_b} \leqslant 12.31\%$。

2）若施工时采用异长法观测或检查驰度，则应首先检查本方法是否满足在本观测档的适用条件。

观测点与地面距离应符合公式（7-13）

$$h_b - b \geqslant 2 \tag{7-13}$$

视线切点位置范围应符合公式（7-14）～式（7-16）

$$\left(\frac{a}{f}\right)md \geqslant \frac{a}{f} \geqslant \left(\frac{a}{f}\right)zx \tag{7-14}$$

$$\left(\frac{a}{f}\right)nd = \left(1 + \sqrt{1 - 120\frac{d}{f}}\right)^2 \tag{7-15}$$

$$\left(\frac{a}{f}\right)zx = \left(1 - \sqrt{1 - 120\frac{d}{f}}\right)^2 \tag{7-16}$$

式中　$\left(\dfrac{a}{f}\right)zx$——$\dfrac{a}{f}$ 的最小容许值；

$\left(\dfrac{a}{f}\right)md$——$\dfrac{a}{f}$ 的最大容许值；

　　a、b——弧度板至架空线悬挂点之间的距离，m；

　　h_b——观测端架空线悬挂点至地面的垂直距离，m；

　　f——观测时要求的弧垂，m。

确定选择的观测方法无问题后，利用原方法检查弧度时，如异长法弧度检查如图 7-23 所示，A 杆塔上的弧度板不动，仅移动 B 杆塔上的弧度板进行弧度检查。亦可在 A 杆塔上设置弧度板位置 a，三点一线确定 B 杆塔上弧度板位置 b，计算检查弧度时，利用观测时弧度板检查时，当时温度下的实测弧度按下式计算

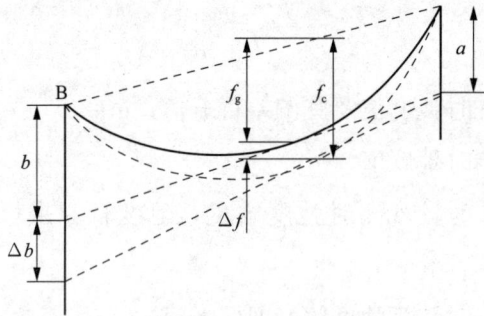

图 7-23　异长法弧度检查

$$f_c = f_g \pm \Delta f = f_g \pm \Delta b \Big/ \left(2\sqrt{\frac{b}{f}}\right) \tag{7-17}$$

式中　Δb——弧度板调整量，上移取"—"，下移取"＋"，m；

　　f_c——检查时弧度值，m。

当架空线安装已完成（弧度板已拆除）再检查弧度时，可用档端角度法检查。如上档端角度法检查弧度如图 7-24 所示，即将经纬仪置于低悬挂点侧（或高悬挂

点侧），测出被检架空线弛度的实际角度 θ 和经纬仪测站至对侧杆塔架空线悬挂点的悬挂角 ϕ，计算出（或查出）有关数据，再按公式（7-18）和式（7-19）计算出被检查的架空线弛度

$$b_i = l(\tan\phi_i - \tan\theta_i) \quad (7\text{-}18)$$

$$f_i = \frac{1}{4}(\sqrt{a_i} - \sqrt{b_i})^2 \quad (7\text{-}19)$$

图 7-24　档端角度法检查弛度

$$a_i = 横担悬挂点高 - 绝缘子串高 - 放线滑车高 - 仪器高$$

运用本法的适用范围必须 $4f_i > a_i$。

式中　b_i——架空线弧垂角的视线至 B 侧杆塔视点与悬挂点间的距离，m；

　　　f_i——观测档的弧垂值，m；

　　　a_i——架空线悬挂点至经纬仪目镜垂直高度，m；

　　　ϕ_i——经纬仪测站至对侧杆塔导（地）悬挂角；

　　　θ_i——架空线弧垂角。

3）一般档距较大，电压等级也高的情况下，线间及弛度都较大，或处在山区架空线两端的高差较大的情况下，采用弛度板方法已很难准确进行弛度观测，则应采用角度法观测弛度，检查时也用相同的方法，挂线后立即检查弛度，原观测弛度值也不会有较大的变化。在检查时，根据实测角度 θ 值及仪器所处位置等条件，用计算公式反求实测弛度 f' 值，然后与检查温度下的计算弛度 f_b 值对比，求得检查时温度下的弛度偏差值和弛度偏差百分值。

用角度法观测和检查弛度时应特别注意两点：

a. 经纬仪垂直角度应取正倒镜读数的平均值。

b. 当采用仪器仅支在中线垂直下方观测三相弛度时，必须按《高压架空输电线路施工手册（架线工程部分)》中的规定，应满足视角 θ 不作调整的范围执行，否则应作调整。用角度法检查弛度时，先测量计算 a、b 值，再计算弛度 f 值。

4）只有在以上三种观测弛度的方法都不适用的特殊地形下选用平视法，如果观测时用平视法，当然检查时也同样用平视法。但使用平视法时，放置经纬仪地点的标高转移宜用水准仪测定，按水准测量方法的要求进行了，施工观测弛度时对仪器高应做记录。检查弛度时，由于仪器支点与弛度切点的距离较远，仍可用经纬仪进行。以经纬仪当水准仪使用时，仪器本身的误差应事先加以校正，或采

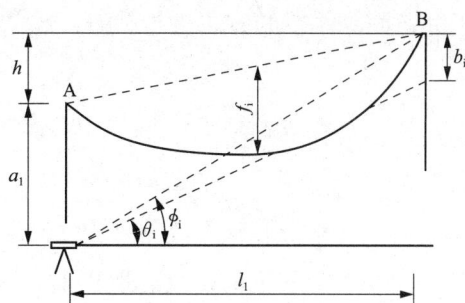

用正倒镜消除误差的方法进行检查。检查时的弛度按式（7-20）计算

$$f_c = f_g \pm \Delta h + (i_1 - i_2) \qquad (7\text{-}20)$$

式中　Δh——支仪器地点地形的相对高差，检查时高于施工观测时取"－"，反之取"＋"，m；

i_2、i_1——检查和施工观测时的仪器高度，检查时高于施工观测时（$i_2 - i_1$），$i_1 - i_2$ 取负值；反之取正值，m。

（3）导线对被跨越物净空距离（计入导线蠕变伸长并换算至最高温度时）的检查，如交叉跨越检查示意如图 7-25 所示。

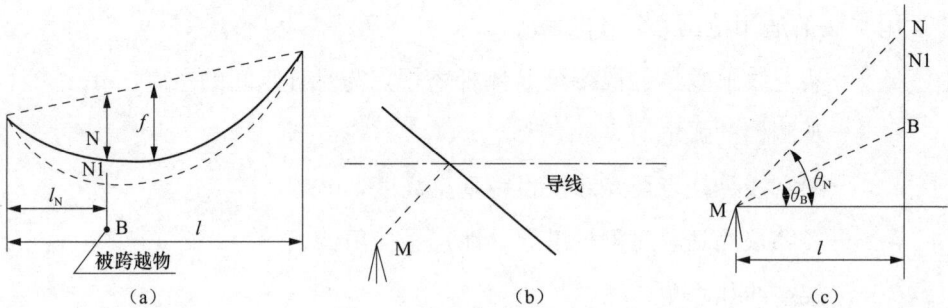

图 7-25　交叉跨越检查示意

1）用检查弛度的方法检查出该档距的实测弛度 f，并测出交叉点 N 到最近杆塔的水平距 L_N 如交叉跨越检查示意如图 7-25 中（a）所示。

2）将经纬仪置于本线路与被跨越物交叉角最大角的二等分线上适当距离（约为导线对地距离的 $2\sim3$ 倍）的 M 点上，见交叉跨越检查示意如图 7-25 中（b）所示。

3）测量有关各点记录实测数据及测量时气温如交叉跨越检查示意如图 7-25 中（c）所示，测出测站与交叉点之间的水平距离 L，观测交叉点处之导线跨越点 N 的垂直角 θ_N；观测交叉点处被跨越物 B 点的垂直角 θ_B。

4）根据以上实测数据，计算出实测净空距离，再换算为最高温度时导线对被跨越物的净空距离，对于跨越铁路、公路等构筑物的检查与上述方法基本相同。

7.7　附　件　安　装

附件安装包括在耐张（转角）型杆塔上的平衡挂线，在直线型杆塔上安装悬

垂绝缘子串及悬垂线夹，在架空线上安装防振锤和间隔棒，在耐张（转角）型杆塔两侧耐张线夹之间安装引流线（亦即跳线）和引流线悬垂绝缘子串等。

7.7.1 施工技术操作要点

1. 耐张型杆塔平衡挂线

紧线后在耐张型杆塔上采用平衡挂线法挂线，即在挂线过程中，耐张型杆塔两侧同时受导线张力，使杆塔不需设置临时补强拉线来保持平衡状态。平衡挂线按压接方法的不同分为地面压接的平衡挂线和高空压接的平衡挂线两类。

（1）地面压接的平衡挂线又分为对称锚线和平衡挂线两个步骤。

1）对称锚线。在耐张型杆塔两侧的画印点以外，不影响安装耐张线夹的适当距离导线上装设连有临锚钢绳的卡线器，利用链式紧线器收紧临锚钢绳使两侧导线临时锚定在横担上，而使两卡线器之间的一段导线松弛，耐张型杆塔两侧临锚钢绳的张力须保持大致平衡。

2）平衡挂线。分为耐张绝缘子串与耐张线夹地面连接（简称地面连接法）和在高空对接（简称为高空对接）两种方法：

a. 地面连接法为将导线在两画印点中间切断，使之下垂地面，进行量尺安装（压接）耐张线夹，安装耐张绝缘子串，再牵引挂线。如地面压接的平衡挂线示意如图 7-26（a）所示。

b. 高空对接法为将导线在两画印点中间切断，使之下垂地面，进行量尺、安装（压接）耐张线夹。然后在耐张型杆塔的横担两侧导线挂线点上分别用绞磨挂耐张绝缘子串，每侧再利用滑车组实现耐张线夹与耐张绝缘子串尾端的空中对接，完成平衡挂线。如高空压接的平衡挂线示意如图 7-26（b）所示。

（2）高空压接的平衡挂线，亦分

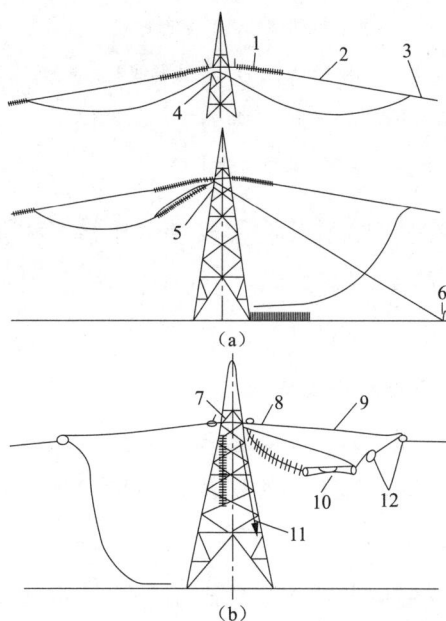

图 7-26　地面压接的平衡挂线示意

（a）地面连接法；（b）高空对接法

1—链式紧线器；2—临锚钢绳；3—卡线器；4—放线滑车；5—单滑车；6—绞车平；7—单轮滑车；8—链式紧线器；9—临锚钢绳；10—滑轮组；11—至动力；12—卡线器

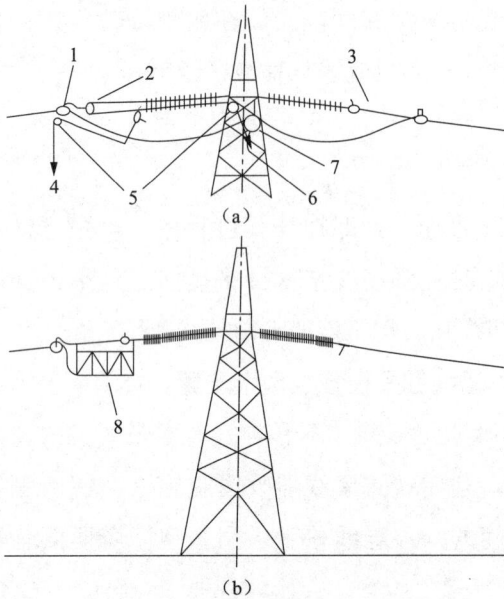

图 7-27　高空压接的平衡挂线示意

（a）对称锚线；（b）平衡挂线

1—卡线器；2—单轮滑车；3—链式紧线器；4—人力；

5—单轮滑车；6—至动力；7—放线滑车；

8—高空工作平台

对称锚线和平衡挂线两个步骤：

1）对称锚线。在耐张杆塔横担两侧的导线挂点悬挂耐张绝缘子串，分别在两侧导线的适当位置装设卡线器，同时布置两套辅助牵引系统，布置如地面压接的平衡挂线示意见图 7-27（a）所示，先利用绞磨牵引，使耐张绝缘子串受力拉紧，再通过人力牵引辅助，将耐张绝缘子串尾端经链式紧线器和临锚钢绳与卡线器相连。收紧链式紧线器，使横担两侧卡线器之间的一段导线松弛，耐张型杆塔两侧链式紧线器的张力须保持大致平衡。

2）平衡挂线。在耐张型杆塔两侧的链式紧线器和锚线钢绳上挂设高空工作平台，在紧好的导线上画印，断线，在高空工作平台上安装（压接）耐张线夹，再利用链式紧线器将耐张线夹与绝缘子串尾端连接，完成平衡挂线，操作过程如高空压接的平衡挂线示意如图 7-27（b）所示。

2. 安装悬垂线夹

在横担上悬挂双钩紧线器或链式紧线器，其下连提线器将导线提起，卸去放线滑车，在导线上缠绕铝包带或护线条，安装悬垂线夹并与绝缘子串下端的挂板连接好。

放松链式紧线器，拆卸工具，悬垂线夹应安装在横担挂孔下方铅垂位置，对于连续倾斜的线档，悬垂线夹的安装点应按计算要求予以必要的移位。

需要装护线条的悬垂线夹，应按设计规定先安装护线条，其操作方法如下：

（1）拔梢形护线条每组均为 10 根，安装时由两人站在高空作业车上或坐在导线上，同时用拧回器套上护线条互成反方向旋转，一面转动，一面后移拧回器，使护线条绞制在导线表面，护线条的中点应与线夹画印点重合。

（2）预绞丝护线条中心应对准线夹安装的画印点，逐根顺螺旋方向分别向导线前后倒绞制预绞丝，因为预绞丝是具有弹性的铝合金丝，外形为螺旋形，所以在安装中不需要工具，绞制后自然与导线贴紧在一起。

（3）悬垂线夹安装后，应进行重锤，均压环等附件的安装，其规格和数量应按设计图纸规定。

3. 防振金具的安装

目前国内使用的防振金具主要有两种，一种是防振锤，另一种是阻尼线，阻尼线主要用于大跨越防振而且多用阻尼花边加防振锤混合使用方法，见表 7-17。

表 7-17 防 振 锤 的 主 要 型 号

型号	适用绞线			防振锤参数				
	钢绞线 (mm²)	钢芯铝绞线 (mm²)	绞线直径 (mm)	锤头长 (mm)	全长 (mm)	吊线规格	锤头质量 (kg)	质量 (kg)
FD-1		30～50	7.5～9.6	95	300	7/2.6	0.54	1.5
FD-2		70～95	10.8～14.0	130	370	7/3.0	0.94	2.4
FD-3		120～150	14.5～17.5	150	450	19/2.2	1.74	4.5
FD-4		180～240	18.1～22.0	175	500	19/2.2	2.17	5.6
FD-5		300～400	23.0～29.0	200	550	19/2.6	3.00	7.2
FD-6		400～630	29.1～35.0	200	550	19/2.6	3.60	8.6
FG-35	35		7.8	100	300	7/3.0	0.64	1.8
FG-50	50		9.0～9.6	130	350	7/3.0	0.94	2.4
FG-70	70		11.0～11.5	150	400	19/2.2	1.74	4.2
FG-100	100		11.6～13.0	175	500	19/2.2	2.40	5.9
FF-5			23.0～28.0	200	550	19/2.6		7.4

防振锤的安装个数应按设计规定，可参考表 7-18 规定。

表 7-18 防 振 锤 安 装 数 量

架空线直径 d（mm）	适用防振锤型号	适用档距范围（m）		
		1 个	2 个	3 个
d＜12	FG-70、FG-50、F-2	＜300	＞300～600	＞600～900
12≤d≤22	FD-4、FD-3	≤350	＞350～700	＞700～1000
22≤d≤37.1	FD-5、FD-6、FF-5	≤450	＞450～800	＞800～1200

（1）阻尼线一般使用挠性较好的镀锌钢丝绳或与架空线相同型号的电线、阻尼线与架空线的连接一般采用绑扎的方法，阻尼线的花边弧垂及花边距离（50～100mm）由设计给定。

（2）防振锤的安装，可随线夹同时安装，安装距离应按设计规定执行，一般情况下安装距离的起点为直线杆塔悬垂线夹中心，耐张杆塔为耐张线夹的连接螺栓中心或压接管的出口处，多个防振锤时采用同等距离安装，在画印处顺导线外层绞制方向缠绕一层铝包带（夹不紧时，最多只能缠两层）其长度露出防振锤夹板5mm。当防振锤距悬垂线夹距离较近时，可坐在竹竿与导线的交叉处进行防振锤安装，当防振锤距悬垂线夹较远，竹竿长度不能满足要求时，安装人员应出线安装防振锤。

1）高空作业人员可根据机具条件及作业习惯选择有以下三种出线方法：

a. 对于单根架空线用踩板和高空作业皮带双保险，作业人员挂在线上进行作业。

b. 用高空作业飞车出线，作业人员在飞车上作业。

c. 利用悬吊的铝合金梯子，作业人员站在梯子上作业。

2）安装防振锤应符合下列要求：

a. 防振锤夹板中心必须对准画印点或夹在所缠绕铝包带处，应拧紧夹板固定螺栓，螺栓穿向应正确。

b. 调整防振锤，使其与架空线平行且与地面垂直。

c. 防振锤安装后必须复查安装距离并做好记录，应检查防振锤锤体和夹板有无油漆或锌层脱落，如有应补涂防锈油漆。

4. 间隔棒的安装

根据每相导线根数的多少，间隔棒有双分裂式、四分裂式及六分裂式等。由于间隔棒用途的不同分为导线间隔棒及跳线间隔棒两种。由于性能不同分为阻尼式和非阻尼式。就其形状可分为圆环形、方形、十字形等多种。

间隔棒安装前，应检查耐张杆塔和直线杆塔的线夹是否已安装完成，线夹未安装时不应安装间隔棒。

安装间隔棒分为三个程序：间隔棒安装距离的测量、吊装间隔棒、安装间隔棒。

（1）间隔棒安装距离的测量方法有四种，可根据现场具体条件选择。

1）用测绳直接在导线上丈量，该方法至少有两人在线上操作，且选择风力影响不大的环境下工作，该两杆塔间导线悬挂点高差不大时，距离测量精度可以满足规范要求。

2）用测绳或经纬仪在地面根据设计规定测出水平距离，钉上标桩或其他明显标志，然后用铅垂球对准标桩在导线上画印，即得间隔棒位置，此法只适用于平原地带且地面无障碍物时。

3）用测距计程器装于飞车上或直接由高处作业人员在导线上推动测量间隔棒之间的距离。目前由于计程器的精度和造价昂贵以致应用还不广泛。

4）用经纬仪在线路外测通过观测角换算距离以测定间隔棒位置，这是目前使用较多的一种方法。

（2）间隔棒安装距离使用测绳或计程器在导线上测距离时，因实测值是导线的线长，而不是设计给出的次档距（间隔棒间的距离）两者存在一定的误差，当悬挂点间高差较大时，此误差较大。因此要注意在线上丈量间隔棒之间的距离时，应多一线长增量值 ΔL_1（L_1 为次档距值）。

修正线长 ΔL_1 可按式（7-21）计算

$$\Delta L_1 = \frac{L_a}{N-1}\left(\frac{1}{\cos\phi} - 1 + \frac{L_a^2 g^2}{24\delta^2}\right) \tag{7-21}$$

式中　ΔL_1——每一个次档距的线长增量，m；

　　　　L_a——两端间隔棒之间的档距，m；

　　　　N——安装档的间隔棒数量；

　　　　ϕ——安装档的导线悬垂挂点间的高差角，（°）；

　　　　δ——安装档的导线水平应力，N/mm^2。

（3）间隔棒安装位置的画印，对于水平排列的导线通常是先在中相线上画印，边线比照中线画印，对垂直排列的导线（双回路塔）先在下相线上画印，尽可能导线上，地面上均设人员互相对看，以保证三相线的间隔棒同在导线方向的垂直画面内。

（4）间隔棒的吊装在导线上倒挂一只铝轮小滑车，小滑车下再挂一小滑车，在下面滑车穿过 $\phi16$ 棕绳，棕绳一端绑扎间隔棒，另一端用人拉住。在地面用人力拉棕绳时，应沿在偏离线下 5m 以外的位置。如果间隔棒吊装需要越过下方导线时，应采取措施避免与导线相碰。

（5）间隔棒的安装。对准间隔棒位置，根据设计规定缠绕铝包带。铝包带缠绕长度应与夹头等长，不许外露，具有绞垫的间隔棒可不缠绕铝包带。

对于四分裂导线，安装间隔棒一般有两种方法，一种是操作人员站在导线上进行作业，另一种是在飞车上进行作业。间隔棒安装后应检查压接管（或补修管）与间隔棒的距离，宜在 1m 以上并做好记录；应检查压接管外侧有无保护钢套，如有则必须拆除，应检查安装档导线上有无其他杂物，如有应清除干净。

5. 跳线的安装与计算

紧线完成后，需将耐张杆塔前后之导地线进行连接。此连接线通称为跳线

（也称引流线）。导线跳线与耐张线夹间必须良好连接，以保证接触电阻较小，地线跳线的连接应根据设计要求而定，或与本线绑扎或连接在杆塔的地线支架上。

（1）导线跳线的连接方式。

1）当耐张串采用螺栓式耐张线夹时，跳线采用并沟线夹连接。并沟线夹不得少于两副如图7-28所示。

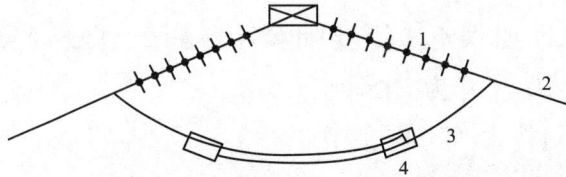

图7-28 用并沟线夹连接的跳线

1—耐张绝缘子串；2—导线；3—跳线；4—并沟线夹

2）当耐张串使用压接式耐张线夹时，跳线两端用压接管与耐张线夹连接。这种情况有带绝缘子串和不带绝缘子串两种形式，如图7-29所示。

3）四分裂导线的跳线连接方式与第二种情况相同，但跳线形状分为直跳式及绕跳式两种，如图7-30所示，四分裂跳线上每相装有四副间隔棒，且均匀布置。

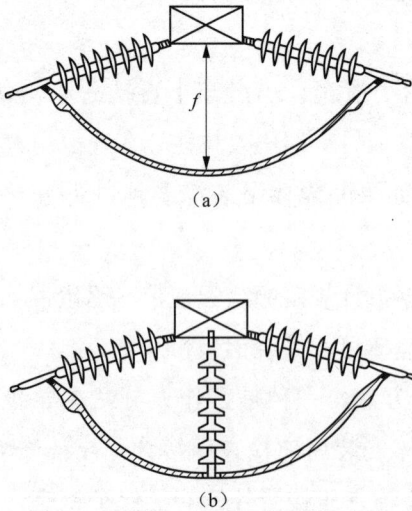

图7-29 用压接式耐张线夹连接的跳线

（a）不带跳线绝缘子串；（b）带跳线绝缘子串

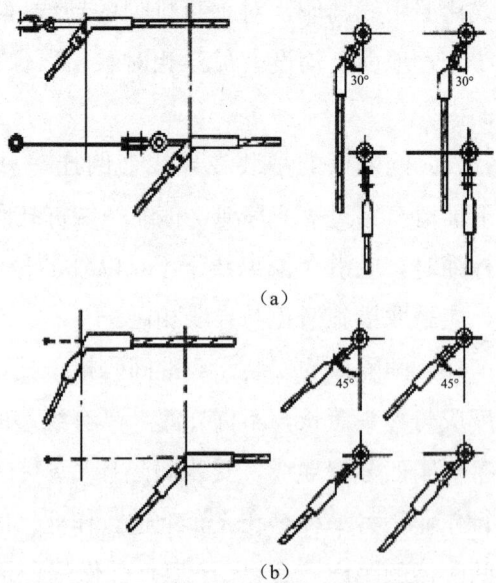

图7-30 四分裂导线的跳线连接方式

（a）直跳式的跳线端；（b）绕跳式的跳线端

（2）跳线长度的确定。

第一种跳线连接方式为一般在杆塔上比量跳线长度并留适当裕度，在满足设计跳线弧垂要求前提下安装并沟线夹。

第二、第三种跳线连接方式。跳线长度的确定方法为现场丈量比拟法，设计提供跳线长度数据；计算确定跳线长度的方法，目前常用的是现场丈量比拟法。

1）现场丈量比拟法确定跳线长度。

a. 塔上丈量法。即由施工人员在耐张杆塔上用钢卷尺根据跳线弧垂直接量出跳线长度，丈量时由两人操作，1人观测弧垂，1人拉绳，丈量应选择无风的天气，以确保丈量数据的准确，丈量结果应做好记录，注意相别。

b. 地面模拟丈量法。在材料场安装一副与本工程耐张杆塔横担宽度相同的模拟横担，横担前后挂上钢丝绳以替代绝缘子串及导线，根据耐张串的长度，倾斜角及线路转角确定跳线挂点位置，在两挂点间丈量跳线长度并做好记录。根据不同耐张杆塔的转角及耐张串倾斜角调整挂点位置，测量各塔号，各相别的跳线长度。

c. 高空导线比量法。首先用钢尺丈量跳线长度，在已丈量好的跳线长度基础上加长 0.5m 裕度进行下料，然后将跳线一端压接，并送到杆塔上比量，在另一端画印，最好将跳线拆下松回到地面将另一端切断压接。

上述三种办法都是可行的，以高空导线比量法较精确，但操作比较麻烦。不论用什么办法，均要求施工人员都应精心操作并做好记录，避免差错。

2）按设计提供的跳线长度安装跳线。设计提供的跳线长度一般只能作为施工参考，不能作为下料的依据，高空导线比量法的第一步可使用设计数据。根据设计提供的跳线长度，应先进行跳线安装试点，摸索出规律，再全面进行跳线安装。

3）回归分析法计算跳线长度。根据广西送变电公司曾针对 220kV 送电线路的耐张杆塔不带跳线绝缘子串的跳线进行了大量试验并总结了回归分析法计算跳线长度的新方法（《跳线长度的试验及回归分析》电力建设 1996 年第 8 期）。不同导线型号有不同的跳线长度回归方程。

LGJ——240/40（26/3.42＋7/2.66）钢芯铝绞线跳线长度回归方程式为式（7-22）

$$L = 2.2328 + 0.5102L_{AB} + 1.3412d_{AB}。 \tag{7-22}$$

LGJ——300/50（26/3.83＋7/2.98）钢芯铝绞线跳线长度回归方程式为式（7-23）

$$L = 0.5544 + 0.7781L_{AB} + 1.383d_{AB}。 \tag{7-23}$$

LGJ——400/50（54/3.07＋7/3.07）钢芯铝绞线跳线长度回归方程式为式（7-24）

$$L = 0.2331 + 0.7862L_{AB} + 1.4478d_{AB}。 \tag{7-24}$$

LGJ——400/65（26/4.42＋7/3.44）钢芯铝绞线跳线长度回归方程式为式（7-25）

$$L = 0.2247 + 0.8122L_{AB} + 1.3877d_{AB}。 \tag{7-25}$$

式中　L——跳线的全长，即跳线与耐张线夹的交点 A、B 间的跳线长度，m；

　　　L_{AB}——跳线与耐张线夹交汇点 A、B 间的斜跨距，m；

　　　d_{AB}——跳线深度，即 A、B 间连接至跳线最低点间的垂直距离，m。

如图 7-31 所示。

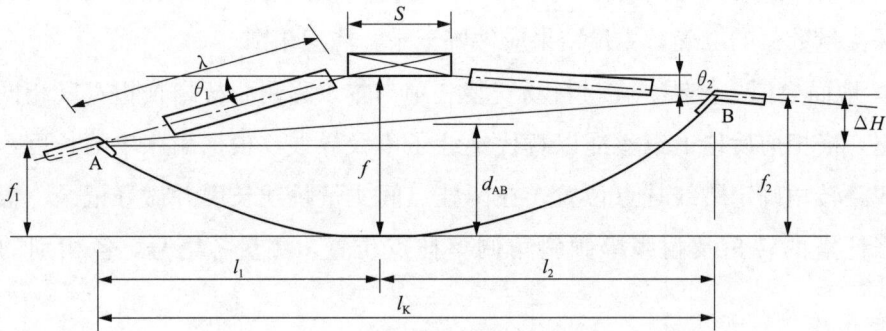

图 7-31　跳线长度计算

a. 跳线斜跨距 L_{AB} 的计算按式（7-26）和式（7-27）

$$L_{AB} = \sqrt{L_K + \Delta H^2} \tag{7-26}$$

$$L_K = B + \lambda\cos\frac{\alpha}{2}(\cos\theta_1 + \cos\theta_2) \tag{7-27}$$

式中　L_K——跳线的水平跨度，m；

　　　B——横担宽度（前后耐张串挂孔间的水平距离），m；

　　　α——线路水平转角，(°)；

　　　λ——耐张串长度，即挂孔至跳线与耐张线夹之交点间距离，m；

θ_1、θ_2——耐张杆塔前后侧绝缘子串的倾斜，(°)；

　　　ΔH——跳线悬挂点间的高差，m。

b. 跳线深度 d_{AB} 的计算公式为

$$d_{AB} = \frac{L_1 f_2 + L_2 f_1}{L_1 + L_2} \tag{7-28}$$

其中

$$L_1 = \frac{L_K}{1 + \sqrt{\dfrac{f_2}{f_1}}} \tag{7-29}$$

$$L_2 = L_K - L_1 \tag{7-30}$$

$$f_2 = f - \lambda \cos\frac{\alpha}{2}\sin\theta_2 \tag{7-31}$$

$$f_1 = f - \lambda \cos\frac{\alpha}{2}\sin\theta_1$$

式中 f——设计的跳线弧垂，m。

利用跳线长度的回归方程式确定跳线下料长度有两个实施办法。

（a）由施工人员到耐张杆塔上直接用钢尺量取跳线的斜跨距 L_{AB} 及跳线的深度 d_{AB}，然后选用某个回归方程式进行室内计算，再减去耐张跳线管的尾端长度的两倍，即得跳线的下料长度。

（b）根据挂点的空间位置计算 L_{AB} 及 d_{AB} 后，用上面相同办法求得跳线下料长度。

一般来说直量 L_{AB}，d_{AB} 虽然增加了一些高空作业，但更准确些，不论采用何种方法确定跳线长度都必须先试点一下，总结经验后再普遍推广。编者认为回归分析计算跳线长度方法未免太过复杂，从回归方程式来看，并未找到通用规律，不同导线都要去找其对应的回归方程式，还不如采用现场丈量比拟法或高空导线比量法等更方便。

（3）跳线安装应注意的问题。

1）跳线弧垂与杆塔构件（包括脚钉、拉线以及横担相连的第一片绝缘子的钢帽）间的最小距离，并做好记录填入跳线安装表。

2）测量合格后，复紧并沟线夹螺栓，并沟线夹数量应符合图纸规定。

3）跳线安装后应呈自然下垂的圆弧形状，不得有扭曲硬弯等缺陷，跳线端的压板联结螺栓拧紧适度，不宜过紧，螺栓的扭矩值应符合该产品说明书所列数值。

7.7.2　附件安装施工质量要点

（1）绝缘子安装前应逐个表面清洗干净，并应逐个（串）进行外观检查，安装时应检查碗头，球头与弹簧销子之间的间隙。在安装好弹簧销子的情况下球头不得自碗头中脱出。验收前应清除瓷（玻璃）表面的污垢。有机复合绝缘子伞套的表面不允许有开裂、脱落、破损等现象，绝缘子的芯棒与端部附件不应有明显的歪斜。由于多年来，国内只出现过一例 330kV 线路绝缘子因原配方错误导致绝缘子绝缘电阻零值的报道；绝缘子出厂前已逐只经过 $60 \sim 80$ kV 工频耐压试验，现场再用绝缘电阻表逐个进行绝缘测量没有意义，绝缘子在装卸运输过程中一旦遭受冲击碰撞，最易损坏的是瓷裙，如瓷裙裂纹、破损则该绝缘子淘汰，就无须再测绝缘电阻了。2005 年版规范取消绝缘子安装前应用不低于 5kV 的绝缘电阻表逐个进行绝缘测量的规定，增加了有机复合绝缘子的检查内容。

（2）金具的镀锌层有局部破损、剥落或缺锌，应除锈后补刷防锈漆。

（3）采用张力放线时，其耐张绝缘子串的挂线宜采用高空断线平衡挂线法施工。

（4）为了防止导线或架空地线因风振而受损伤，弧垂合格后应及时安装附件。附件（包括间隔棒）安装时间不超过 5d，大跨越永久性防振装置难于立即安装时，应会同设计单位采用临时防振措施。

（5）附件安装时，应采取防止工器具碰撞有机复合绝缘子伞套的措施，在安装中严禁踩踏有机复合绝缘子上下导线。本条还参考原国电公司《防止电力生产重大事故的二十五项重点要求》中第 19.6 条提出的规定"复合绝缘子安装，操作人员可用悬梯或其他工具上下，但不得踩踏伞裙，防止损坏复合绝缘子"。

（6）悬垂线夹安装后，绝缘子串应垂直地平面，个别情况其顺线路方向与垂直位置的偏移角不应超过 5°，且最大偏移值不应超过 200mm，连续上、下山坡处杆塔上的悬垂线夹的安装位置应符合设计规定。

（7）绝缘子导线及架空地线上的各种金具上的螺栓，穿钉及弹簧销子，除有固定的穿向外，其余穿向应统一并应符合下列规定：

1）单、双悬垂串上的弹簧销子均按线路方向穿入。使用 W 弹簧销子时，绝缘子大口均朝线路后方。使用 R 弹簧销子时，大口均朝线路前方。螺栓及穿钉凡能顺线路穿入者均按线路方向穿入。特殊情况两边线由内向外，中线由左向右穿入。

2）耐张串上的弹簧销子，螺栓及穿钉均由上向下穿，当使用 W 弹簧销子时，绝缘子大口均向上，当使用 R 弹簧销子时，绝缘子大口均向下，特殊情况可由内向外，由左向右穿入。

3）分裂导线上的穿钉、螺栓均由线束外侧向内穿。

4）当穿入方向与当地运行单位要求不一致时，可按运行单位的要求，但应在开工前明确规定。

本条对 1990 年版规范第 7.4.6 条作了修改增加了双串悬垂绝缘子串大口方向以及弹簧销及螺栓等穿向规定，确定了线路方向的前后穿向关系。

（8）金具上所用的闭口销的直径必须与孔径相配合，且弹力适度。

（9）各种类型的铝质绞线，在与金具的线夹夹紧时，除并沟线夹及使用预绞丝护线条外，安装时应在铝股外缠绕铝包带，缠绕时应符合下列规定：

1) 铝包带应缠绕紧密，其缠绕方向应与外层铝股的绞制方向一致。

2) 所缠铝包带应露出线夹，但不超过 10mm，其端头应回缠绕于线夹内压住。

(10) 安装预绞丝护线条时，每条的中心与线夹中心应重合，对导线包裹应紧固。

(11) 安装于导线或架空地线上的防振锤及阻尼线应与地面垂直，设计有特殊要求时，应按设计要求安装，其安装距离偏差不应大于±30mm。

(12) 分裂导线间隔棒的结构面应与导线垂直，安装时应测量次档距。杆塔两侧第一间隔棒的安装距离偏差不应大于端次档距的±1.5%。其余不应大于次档距的±3%。各相间隔棒安装位置应相互一致。

(13) 绝缘架空地线放电间隙的安装距离偏差，不应大于±2mm。

(14) 柔性引流线应呈近似悬链线状自然下垂，其对杆塔及拉线等的电气间隙，必须符合设计规定，使用压接引流线时，其中间不得有接头，刚性引流线的安装应符合设计要求。

(15) 铝制引流连板及并沟线夹的连接应平整、光洁、安装应符合下列规定：

1) 安装前应检查连接面是否平整，耐张线夹引流连板的光洁面必须与引流线夹连板的光洁面接触。

2) 应用汽油洗擦连接面及导线表面污垢，并应涂上一层电力复合脂，用细钢丝刷清除有电力复合脂的表面氧化膜。

3) 保护电力复合脂，并应逐个均匀地拧紧连接螺栓。螺栓的扭矩应符合该产品说明书的要求。

7.8 光 缆 架 设

光缆架设包括光纤复合架空地线 OPGW 和全介质自承式光缆 ADSS。系为 2005 年版规范新增内容，其主要施工技术和质量要点如下：

(1) 光缆运到现场后及放线前应进行下列检查和验收：

1) 光缆的品种、型号、规格与设计相符。

2) 光缆盘号与订货单相符。

3) 光缆长度与订货单相符。

4) 光纤衰减值（由指定的专业人员检测）。

5）光缆端头密封的防潮封口有无松脱现象。

从到货到施工完毕，对光缆的传输衰减系数及长度须测试 4 次，以分清制造、运输和施工各环节应承担的责任。

（2）光缆盘应直立装卸，运输及存放，不得平放。

（3）光缆架设施工必须符合下列规定：

1）光缆架设施工必须采用张力放线方法，这是强制性条文的要求，因为光缆在架设过程中不能接触任何尖锐的物体，也不能受到严重的弯曲和扭转，其结构特性，决定只能用张力放线方法架设，人力与一般机械展放很难满足施工质量的要求。

2）选择放线区段长度应与光缆长度相适应。光缆的制造长度与放线段的长度是一致的。都是根据光缆的接线盒所安装塔的位置而定。所以张力机应布置锚线耐张塔的锚线档内，距耐张塔距离应为塔高的 1.5 倍，且不宜小于 130m。（锚线塔的耐张线夹在塔上安装）或布置在耐张段内距锚线耐张塔的距离约 30m 处（锚线塔的耐张线夹在地面安装，即张力机出口处安装）。

（4）张力放线机主卷筒槽底直径不应小于光缆直径的 70 倍，且不得小于 1m。设计另有要求的除外，主卷筒的直径与光缆外径的倍数要求是参考部分制造厂安装使用说明书等有关资料得出的结论。

（5）放线滑轮槽底直径不应小于光缆直径的 40 倍，且不得小于 500mm。滑轮槽应采用挂胶或其他韧性材料，滑轮的磨阻系数不应大于 1.015，设计另有要求除外，光缆架线放线滑轮槽的直径取值尚无标准，是参考各地已施工线路供货厂家提供的架线技术资料作出的。由于光缆结构不同，取值也不尽相同，在安装前要详细了解产品说明书的要求。

（6）牵张场的位置应保证进出线仰角满足制造厂要求，一般不宜大于 25°，其水平偏角应小于 7°。牵张机距支承塔的距离主要是以导向轮的仰角及水平角控制布置来满足光缆架设质量的要求。

（7）放线滑车在放线过程中，其包络角不得大于 60°，这是在施工实践中得到了验证，其包络角不得大于 60°，能满足光缆展放质量要求。

（8）牵引绳与光纤复合架空地线的连接宜通过旋转连接器，（如双重锤式防扭鞭）防捻走板，专用编织套或出厂说明书要求连接，采取此类措施，主要是不至于在牵引过程中因严重弯曲和扭动而损坏光缆。

（9）张力牵引过程中，初始速度应控制在 5m/min 以内，正常运转后牵引速度不宜超过 60m/min，这是在总结多条 500kV 线路光缆架设经验的基础上作出的。

（10）应控制放线张力。在满足对交叉跨越物及地面距离时的情况下，尽量低张力展放，一般放线段内的危险点即是该档的控制点，这是保证光缆架线质量的基本要求之一。

（11）牵张设备必须可靠接地。牵引过程中导引绳和光纤复合架空地线必须挂接地滑车。因为张力牵引过程中，牵引绳和 OPGW 光缆与绝缘的滑轮摩擦会产生很强的静电，因此，为保证张力放线过程中的人身安全提出了接地要求。

（12）牵张场临锚时光缆落地处必须有隔离保护措施，以保证光缆不得与地面接触。收余线时，禁止拖拉。要用毡布或草袋等垫地保护光缆，主要是防止光缆与地面接触摩擦，损坏光缆。

（13）紧线时，必须使用专用夹具。光缆的夹具不同于地线。若不使用专用紧线夹具就可能造成光缆内光纤的损坏。

光纤的熔接应由专业人员操作。光纤熔接人员的技术水平是保证光纤接头质量的关键。因此规定必须是专业人员操作。所谓专业人员是指经过专门培训合格的人员，而不允许未经培训的人员随意操作。

（14）光纤熔接应符合下列要求：

1）剥离光纤的外层套管，骨架时不得损伤光纤。

2）防止光纤接线盒内有潮气或水分进入，安装接线盒时螺栓应紧固，橡皮封条必须安装到位。

3）光纤熔接后应进行接头光纤衰减值测试，不合格者应重接。

4）雨天，大风，沙尘或空气湿度过大时不应熔接。

光纤熔接操作技术要求较高，（15）的规定有利于保证光纤熔接质量。

（15）光缆引下线夹具的安装应保证光缆顺直、圆滑，不得有硬弯、折角，光缆引下线安装不当不仅影响工艺，而且有可能在操作中损伤光缆。

（16）为防止光缆紧线后，因风荷振动或其他原因造成光缆的损坏，故对光缆在紧线完成后，光缆在滑车中的停留时间不宜超过 48h，附件安装后，当不能立即接头时，光纤端头应做密封处理。

（17）为保证光缆附件安装时操作人员的安全及不损伤光缆，附件安装前光缆必须接地，提线时与光缆接触的工具必须包橡胶或缠绕铝包带，不得以硬质工具接触光缆表面。

（18）施工全过程中，光纤复合架空地线的曲率半径不得小于设计和制造厂的规定。因为光缆曲率半径大小对光缆质量有一定影响。

（19）光缆的紧线、附件安装除上述规定外还应符合架空送电线路的"附件安装"的有关规定。

（20）光纤复合架空地线在同一处损伤，强度损失不超过总拉断力的 17％时，应用光纤复合架空地线专用预绞丝补修。

8

接 地 工 程

输电线路的杆塔高出地面数十米，并暴露在旷野或高山，绵延数十或数百公里，受雷击的机会很多，一旦遭到雷击，往往使送电中断，严重的使设备损坏。为防止雷电直接雷击导线，防止发生反击和绕击，输电线路最有效的防雷措施是架设避雷线，做好接地装置，降低接地电阻。应当说，接地工程（包括接地金属导体及引下线）是输电线路不可忽视的一项隐蔽分部工程。接地工程的施工技术和质量要点如下：

（1）接地体的规格，埋深不应小于设计规定。

1）水平敷设的人工接地体可采用圆钢、扁钢等，垂直敷设的接地极可采用角钢、钢管圆钢等，接地体的最小规格应不小于表 8-1 所示的规定。

表 8-1　　　　　　　　　钢接地体和接地引下线的最小规格

种类	圆钢	扁钢	扁钢	角钢	钢管
规格	直径（mm）	截面积（mm²）	厚度（mm）	厚度（mm）	管壁厚度（mm）
引下线	8	48	4	2.5	2.5
接地体	8	48	4	4	3.5

注　1. 杆塔接地引下线，其截面积不少于 $50mm^2$（相当于 8mm 圆钢）且应热镀锌防腐。
　　2. 杆塔接地装置，在非腐蚀性地区，水平敷设用 $\phi 10$ 圆钢，接地引下线采用 $\phi 12$ 圆钢或 $-5mm×36mm$ 扁钢且应热镀锌。

2）杆塔接地体埋深除设计要求外，在耕地应不小于耕作深度且不少于 0.8m，在小区及非耕地不宜小于 0.6m，在岩石地区不宜小于 0.3m，对地貌判定不准时，以较深一种地貌为依据开挖（除岩石地区外）深度宜比设计值大 50mm，不得小于设计深度。

（2）接地装置应按设计图敷设，受地质地形条件限制时可作局部修改，但不论修改与否应在施工质量验收记录中（1990 年版规范为施工记录）绘制接地装置敷设简图，并标示相对位置和尺寸，原设计图形为环形者仍应呈现环形。

敷设接地体应注意以下几个问题：

1）必须在杆塔组立之前敷设完毕，即接地装置的施工应与基础工程同步。

2）敷设时必须确定接地引下线方向，并检查引下线长度是否满足要求。

3）应将接地体在现场调直后再置于接地槽底，然后方准回填土，但回填土之前必须检查接地槽的长度和深度是否符合设计要求。

4）位于易冲刷地区的接地槽，回填土应采取防冲刷的措施，如种植草皮，用水泥砂浆护面或砌石灌浆等。

5）接地装置敷设后应及时在施工技术记录表上绘制敷设示意图。

（3）敷设水平接地体宜满足下列规定：

1）遇倾斜地形宜沿等高线敷设。

2）两接地体间的平行距离不应小于 5m。

3）接地体铺设应平直。

4）对无法满足上述要求的特殊地形，应与设计协商解决。这是 2005 年版规范新增款项。

（4）垂直接地体应垂直打，并防止晃动。

（5）接地体连接应符合下列规定：

1）连接前应清除连接部位的浮锈。

2）除设计规定的断开点可用螺栓连接外，其余应用焊接或液压，爆压方式连接。

3）接地体间连接必须可靠。当采用搭接焊接时，圆钢的搭接长度应为其直径的 6 倍并应双面施焊；扁钢的搭接长度应为其宽度的 2 倍并应四面施焊。当圆钢采用液压或爆压连接时，接续管的管壁厚不得小于 3mm，长度搭接时不得小于圆钢直径的 10 倍，对接时不得小于圆钢直径的 20 倍。

4）焊接接缝应无气孔，砂眼，咬边、裂纹等缺陷，接头位置应在接地记录的示意图上注明，以备查验，同时还应进行防腐处理。

（6）接地引下线与杆塔的连接应接触良好，并应便于断开测量接地电阻。当引下线直接从架空地线引下时，引下线应紧固杆身，并每隔一定距离与杆身固定，施工安装接地引下线引流板时应注意其平整度及与杆塔接触的紧密度。

（7）测量接地电阻可采用接地绝缘电阻表，所测得的接地电阻值不应大于设计规定值。1990 年版规范提出"接地电阻的测量方法应执行现行接地装置规程的有关规定"2005 年版规范改为"测量接地电阻可采用接地绝缘电阻表。"

测量接地电阻注意事项如下：

1）测量杆塔接地装置的接地电阻时，应将接地引下线与杆塔的联结螺栓拆开，使接地电阻仅为接地装置在土壤中的工频电阻值。目前一些地方引进一种钩表式的接地电阻计（类似钳形电流表的外形），它可以在无独立辅助电极下测量接地电阻值，可应用于多处并联接地系统而不需要切断地线。

2）测量接地电阻应选择在晴天或气候干燥时，不得在雨天或雨后立即测量。

3）所得的接地电阻值应根据土壤干燥及潮湿情况下乘以季节系数（如设计提供的工频电阻已考虑季节系数，则不需再换算），然后才能与设计提供的最大允许工频接地电阻相比较，以判断接地装置的接地电阻是否符合设计要求，季节系数一般由设计图纸及说明书规定，当设计无明确规定时，可按表 8-2 取用。

表 8-2   **杆塔防雷接地装置的季节系数**

埋深（m）	水平接地体	2～3m 垂直接地体
0.5	1.4～1.8	1.2～1.4
0.8～1.0	1.25～1.45	1.15～1.3
2.5～3.0	1.0～1.1	1.0～1.1

注　测量接地电阻时，如土壤较干燥，应采用表中较小值，如土壤较潮湿应采用表中较大值。

4）有地线的杆塔，在雷季干燥时，每基杆塔不连架空地线的工频接地电阻，不宜大于表 8-3 所列数值。

表 8-3   **有地线杆塔的工频接地电阻**

土壤电阻率（Ω·m）	100 及以下	100 以上～500	500 以上～1000	1000 以上～2000	2000 以上
工频接地电阻（Ω）	10	15	20	25	30

注　如果土壤电阻率超过 2000Ωm，接地电阻很难降到 30Ω 时，可采用 6～8 根总长不超过 500m 的放射形接地体或连续延长接地体，其接地电阻不受限制。

（8）采用降阻剂时，应采用成熟有效的降阻剂作为降低接地电阻的措施。主要针对有采取降阻的必要且能起到降低接地电阻和防腐效果时的情况。

9

工程验收与移交

9.1 工 程 验 收

（1）工程验收应按隐蔽工程验收、中间验收和竣工验收的规定项目、内容进行。GB 50233—2005《110kV～500kV架空送电线路施工及验收规范》相关条文的规定，是工程验收的依据。

工程验收分为三个阶段，其中"隐蔽工程验收"和"中间验收"，没有谁前谁后之分，不能认为"隐蔽工程验收"一定在"中间验收"之前。

验收的组织和办法如下：

1）验收组织一般由业主代表（包括业主委托运行单位代表或质量监理工程师）、设计单位代表。施工单位代表和政府代表（包括启动验收委员会代表或工程质量监督中心站代表）组成。

2）验收办法如下：

a. 根据国家电网工〔2003〕153号《电力建设工程施工技术管理导则》规定，施工单位提供施工单位内部对施工质量实施班组自检、工地复检和项目部验收，即三级检查验收资料。

b. 几个公司共同施工的线路工程，由工程指挥部（或工程筹建处）组织，对分部工程和单位工程进行抽样检验。

c. 业主代表（业主委托的运行单位代表或监理工程师）参加隐蔽工程、分部工程和单位工程的检查。

d. 质量监督中心站（监督站）对大中型工程进行质量监督，对质量提出评级意见，并提供给工程验收启动委员会以判断工程能否启动，并在验收移交时确定

（与1990年版规范"工程验收"相比更符合实际内容）

质量等级。

（2）隐蔽工程的验收检查应在隐蔽前进行，以下内容为隐蔽工程：

1）基础坑深及地基处理情况。

2）现浇基础中钢筋和预埋件的规格、尺寸、数量、位置、底座断面尺寸，混凝土的保护层厚度及浇制质量。

3）预制基础中钢筋和预埋件的规格、数量、安装位置，立柱的组装质量。

4）岩石及掏挖基础的成孔尺寸、孔深、埋入铁件及混凝土浇筑质量。

5）液压或爆压连接接续管、耐张线夹、引流管等的检查。

a. 连接前的内、外径，长度。

b. 管及线的清洗情况。

c. 钢管在铝管中的位置。

d. 钢芯与铝线端在连接管中的位置。

6）灌注桩基础的成孔、清孔、钢筋骨架及水下混凝土浇灌。

7）导线、架空地线补修处理及线股损伤情况。

8）杆塔接地的埋设情况。

（3）中间验收按基础工程、杆塔工程、架线工程、接地工程进行。分部工程完成后实施验收，也可分批进行。各分部工程验收内容如下（随着条文内容的增加，相应增加了安全距离和光缆的验收要求）：

1）基础工程如下：

a. 以立方体试块为代表的现浇混凝土或预制混凝土构件的抗压强度。

b. 整基基础尺寸偏差。

c. 现浇基础断面尺寸。

d. 同组地脚螺栓中心或插入式角钢形心对主柱中心的偏移。

e. 回填土情况。

2）杆塔工程如下：

a. 杆塔部件、构件的规格及组装质量。

b. 混凝土电杆及钢管电杆的根开偏差、迈步及整基对中心桩的位移。

c. 双主柱杆塔横担与主柱连接处的高差及主柱弯曲。

d. 杆塔结构倾斜。

e. 螺栓的紧固程度、穿向等。

f. 拉线的方位、安装质量及初应力情况。

g. NUT 线夹螺栓的可调范围。

h. 保护帽浇筑质量。

i. 防沉层情况。

3）架线工程如下：

a. 导线及架空地线的弧垂。

b. 绝缘子的规格、数量、绝缘子的清洁、悬垂绝缘子串的倾斜。

c. 金具的规格、数量及连接安装质量、金具螺栓或螺钉的规格、数量、穿向。

d. 杆塔在架线后的挠曲。

e. 引流线安装连接质量，弧垂及最小电气间隙。

f. 绝缘架空地线的放电间隙。

g. 接头、修补的位置及数量。

h. 防振锤的安装位置、规格、数量及安装质量。

i. 间隔棒的安装位置及安装质量。

j. 导线换位情况。

k. 导线对地及跨越物的安全距离。

l. 线路对接近物的接近距离。

m. 光缆有否受损，引下线及接续盒的安装质量。

4）接地工程如下：

a. 实测接地电阻值。

b. 接地引下线与杆塔连接情况。

（4）竣工验收如下：

1）竣工验收在隐蔽工程验收和中间验收全部结束后实施。竣工验收是对架空送电线路投运前安装质量的最终确认。

2）竣工验收除应确认工程的施工质量外，尚应包括以下内容：

a. 线路走廊障碍物的处理情况。

b. 杆塔固定标志。

c. 临时接地线的拆除。

d. 遗留问题的处理情况。

3）竣工验收除应验收实物质量外，尚应包括工程技术资料。

（5）架空送电线路工程，经施工监理、设计、建设及运行各方共同确认合格后，该工程通过验收。

9.2 竣 工 试 验

（1）工程在竣工验收合格后，应进行下列试验：

1）测定线路绝缘电阻。

2）核对线路相位。

3）测定线路参数和高频特性。

4）电压由零升至额定电压，但无条件时可不做。

5）以额定电压对线路冲击合闸三次。

6）带负荷试运行 24 小时。

（2）线路工程未经竣工验收及试验判定合格，不得投入运行，这是强制性条文规定的。

9.3 工 程 资 料 移 交

（1）工程竣工后应移交下列资料：

1）工程施工质量验收记录。

2）修改后的竣工图。

3）设计变更通知单及工程联系单。

4）原材料和器材出厂质量合格证明和试验记录。

5）代用材料清单。

6）未按设计施工的各项明细表及附图。

7）工程试验报告和记录。

8）施工缺陷处理明细表及附图。

9）相关协议书。

（2）竣工资料的建档、整理、移交，应符合现行国家标准 GB/T 11822—2008《科学技术档案案卷构成的一般要求》的规定。

9.4 竣 工 移 交

完成各项验收、试验、档案移交，且试运行成功，施工、监理、设计、建设及运行各方签署竣工验收签证书后则为竣工移交。